心流力

韦因 / 著

THE POWER OF FLOW

化学工业出版社
· 北京 ·

内容简介

你是否经历过这样的神奇时刻：工作时忘记时间流逝，运动时进入忘我境界，创作时灵感如泉涌。这种被称为“心流”的巅峰状态，正是解锁人生潜能的“秘密武器”。

本书颠覆传统效率类图书的说教模式，而是以神经科学和积极心理学为基石，揭示心流背后的科学真相——这不是天赋者的特权，而是可训练、可掌控的高效技能。通过5大核心模块，读者将掌握一套完整的“心流体验系统”：从解密巅峰体验、发掘心流奥秘到寻求有效方法轻松进入心流状态，从解决实际问题的心流生活指南到突破成长天花板的进阶法则。无论你是被deadline（最后期限）追赶的职场人、寻求突破的创业者，还是渴望重塑自我的精进成长者，本书将带你跨越从“疲于奔命”到“乐在其中”的认知鸿沟。

当心流成为本能，每一次专注都将悄然重塑你的人生轨迹。

图书在版编目（CIP）数据

心流力 / 韦因著. -- 北京：化学工业出版社，2025. 10. -- ISBN 978-7-122-48844-2

I.B848.4-49

中国国家版本馆CIP数据核字第20250HK553号

责任编辑：夏明慧　　文字编辑：李　双
责任校对：杜杏然

出版发行：化学工业出版社
（北京市东城区青年湖南街13号　邮政编码100011）
印　　装：三河市双峰印刷装订有限公司
880mm×1230mm　1/32　印张$6^3/_4$　字数102千字
2026年1月北京第1版第1次印刷

购书咨询：010-64518888　　售后服务：010-64518899
网　　址：http://www.cip.com.cn
凡购买本书，如有缺损质量问题，本社销售中心负责调换。

定　　价：48.00元

前言

唤醒你的心流基因

在这个信息爆炸的时代，人类正面临前所未有的专注力危机。微软2015年《人类注意力跨度研究》显示：人类的平均专注时长从2000年的12秒降至8秒（低于金鱼的9秒）。加州大学尔湾分校研究发现，办公室工作者平均每11分钟就被打断一次，而重回深度工作状态需要25分钟。这些数字背后，是无数人在焦虑旋涡中挣扎的生存图景。

我们像被困在数字迷宫中的实验鼠，在社交媒体的即时反馈中消耗多巴胺，在碎片化信息里透支认知资源。世界卫生组织2022年报告指出，全球焦虑症发病率较20年前上升了25%，18—35岁群体中有63%的人存在慢性注意力涣散症状。当我们的神经回路被训练成“即时反应模式”，深度思考的能力正以惊人的速度退化。

但希望就藏在人类大脑的进化密码里。1975年，积极心理学之父米哈里·契克森米哈赖在《超越无聊与焦虑》中首次系统描述“心流”现象：那些顶尖艺术家、运动员在巅峰状态时的共同体验——全神贯注、浑然忘我、效能倍增。现代神经科学用fMRI技术（功能磁共振成像技术，一种非侵入性的大脑成像技术）证实，心流状态时：

- 前额叶皮层活动降低26%（减少自我批判）；
- 基底神经节多巴胺分泌量提升31%（增强动机）；
- 默认模式网络活动减弱40%（减少杂念）。

这揭示了一个颠覆性真相：心流不是天才的特权，而是人类与生俱来的神经潜能。伦敦大学学院研究发现，经过系统训练的普通人，3个月内进入心流的频率可提升5.7倍。当我们激活这种生物本能，就能将焦虑转化为燃料，把压力淬炼成创造力。

本书将带你完成三次认知跃迁：

1. 解码进化密码

揭开大脑在专注时释放的“神经鸡尾酒”：去甲肾上腺素聚焦当下，多巴胺编织愉悦网络，内啡肽消除痛苦感知。这些恰是顶尖运动员与创作者的生理共性。

2. 重构生存模式

掌握“心流触发器”矩阵：从环境极简主义到认知资源分配，从压力能效转化到心流社交共振。当你在键盘上敲出第一个专注的45分钟，就已完成对抗信息熵的第一次基因表达。

3. 启动进化飞轮

运用“心流复利公式”：每天90分钟深度心流，30天后前额叶灰质密度提升19%，这正是神经可塑性奇迹。

你将获得的不仅是工具，更是认知系统的全面升级：

- 工作时：从“疲于应付”到“创造性沉浸”；
- 学习中：从“被动吸收”到“知识涌现”；
- 创造时：从“思维卡顿”到“灵感湍流”；
- 压力下：从“焦虑漩涡”到“心流隧道”。

更令人振奋的是，剑桥大学2023年最新研究证实：高频心流体验者端粒长度比对照组多保留15.7%，相当于生理年龄年轻7岁。这意味着，掌控心流不仅能带来效率革命，更是生命质量的跃迁。

现在，你正站在认知进化的分水岭上。翻开下一页，就是启动大脑的“超频模式”。当心流基因在你体内苏醒，那些曾令你窒息的挑战，终将成为丈量生命高度的标尺。

本书将成为你发现潜能、改变生活的强大工具。它不只是理论的陈述，更重要的是提供了具体可行的方法，让你能够在生活中真正体验和实践心流。随着你逐渐掌握这些技巧，会发现自己对生活有了更深刻的理解和感受。

现在，让我们一起开始这段探索之旅，揭开心流的神秘面纱，解锁你的潜能，开启一个全新的、充满无数可能性的生活旅程。在这里，你不仅会找到成功的秘诀，更会发现生活的真正意义和乐趣。

欢迎来到心流的世界，一个充满挑战、机遇和无限可能的新世界!

著者

2025年6月

目录

第 4 章

心流生活指南：解决实际问题 123

心

流

力

第 1 章

发现心流：解密巅峰体验的钥匙

20世纪70年代，一位心理学家通过对各行各业成功人士的研究，发现了一个惊人的秘密：他们的成功和一种心理状态密不可分，这个心理状态就是心流。

心流究竟是什么？

在我们探索日常生活的深层次奥秘时，我们会发现一种神秘而强大的心理状态——心流。这一状态不是专业运动员或顶尖艺术家的特权，它潜藏在我们每个人的生活中。在本节中，我们将揭开心流的神秘面纱，探索它是如何引领我们走向巅峰状态的。

揭开心流的面纱

心流（flow），这一词汇，带着一丝神秘的魅力，渗进我们的日常语境中。它描述的不仅仅是一种心理状态，更是一种在某项活动中完全沉浸、体验到极致专注和愉悦的境界。这个概念由米哈里·契克森米哈赖，一位洞察深刻的心理学家，在20世纪

70年代通过细致观察各行各业的成功人士后首次提出。

契克森米哈赖的旅程始于对艺术家们创作过程的研究。他发现，这些艺术家在工作时似乎进入了另一个世界，一个让他们忘却时间、疲劳乃至饥饿的世界。无论是画家、作家、音乐家，还是科学家，在这种状态下，他们往往能实现远超常态水准的卓越成就。

这一洞察促使契克森米哈赖对心流现象进行了更广泛的探索。他不仅研究了艺术家和运动员，还观察了棋手以及日常生活中的普通人。经过对大量案例的深入分析，他发现这种全神贯注的状态普遍存在于各种活动中，并且与人们体验到的深刻满足感和成就感紧密相连。

最终，契克森米哈赖将这种神奇的状态命名为“心流”。他描述心流就是在全心投入某项活动时自然涌现的状态，这种状态下心灵的专注达到极致，同时伴随着深刻的满足感和无尽的创造力。

心流的发现不仅开启了心理学的一个全新领域，它还为普通人的日常生活带来了深刻的启示。让我们试想一下，有一位母亲，在厨房中精心准备食材，烹饪出一桌家人喜爱的晚餐，这一过程中她可能完全沉浸在烹饪的乐趣中，体验了一种难以言表的成就感和满足感。同样，一位学生可能在实验室里全神贯注地进行一项科学实验，完全忘记时间的存在，全身心地投入解决问题的过程。

这些例子展示了心流如何在日常活动和其他不同的领域中发挥其独特的作用。它不是艺术家或运动员的专属体验，而是任何人在投入热爱的活动时都可能达到的状态。心流的魔力在于它能够让我们体验到生活的深度和广度，为我们的每一天带来无限的可能。

心流的九大特征

心流不仅仅是一种感觉，还是一种具体且可定义的心理状态。根据米哈里·契克森米哈赖的研究，心流具备多个独特特征。接下来，让我们深入探讨这些关键特征，了解它们如何共同塑造这种状态。

① 全情投入：当你全神贯注于活动中

首先是完全投入，这是心流的核心特征。当一个人完全投入某项活动时，他的注意力完全集中在这个任务上，所有的精力都被用来解决问题或进行创作。比如一位作家在写作时，他可能完全沉浸在自己构建的故事世界中，周围的一切都消失了，只剩下他和他的故事。

② 明确的目标：知道你要达成什么

明确的目标则意味着在进行活动时，个体很清楚自己要达成的目标是什么。这种目标导向性使个体能够有方向地集中注意力。如一位厨师在准备一道复杂菜肴时，他清楚地知道每一个步骤和目标，这有助于他保持专注和高效率。

③ 即时反馈：立刻了解你的表现如何

即时反馈，是指个体能够立即知道自己行动的结果。这种即时的反馈帮助个体调整和改进他们的行动，从而更好地投入活动。例如，一个跑步者可以通过呼吸频率、心跳和速度来感受自己的运动效果，这些反馈可以帮助他调整自己的跑步节奏和努力程度。

④ 能力与挑战的平衡：完美匹配你的技能

能力与挑战的平衡，意味着活动的难度和个体的技能之间达到了一种平衡。如果活动太难或太易，个体都不太可能经历心流。一个经典的例子是棋手在对弈中，如果对手的水平和自己相当，棋手更有可能进入心流状态。

⑤ 行动与意识的一致：当思考和做成为一体

行为与意识的合一，指的是在心流状态下，个体的行为和意识达到了完美契合。他们的思维和行动无缝连接，没有任何迟疑或不确定性。比如，一位舞者在表演时，她的每一个动作都与她的意图紧密相连，好像她的身体自然而然就知道下一步要做什么。在这种状态下，舞者感到自己与音乐、空间甚至观众的情感都融为一体。

⑥ 时间感知的转变：忘记时间的流逝

对时间感知的改变，指的是当个体深入某项活动时，他们可能感觉时间飞速流逝，或者似乎停滞了。例如，一个画家在画室里工作时可能感觉到时间飞快地过去，几个小时仿佛就是几分钟。这种对时间感知的改变是他们完全沉浸在创作过程中的一个标志。

⑦ 控制感的增强：掌控活动的主导权

主动控制主要是指个体对活动的控制感。这种控制感来自个体对自己能力的信心和对活动过程的掌握。例如，一位经验丰富的厨师在忙碌的厨房中，尽管面临着各种复杂的任务，但他依然能够有效地管理时间和资源，感觉自己完全掌控了整个烹饪过程。

⑧ 自我忘却：完全融入所做之事

这种完全的自我忘却指的是在心流状态下，个体的自我意识逐渐减退，他们不再关注自己的存在或表现。这种消失的自我意识让个体能够更专注于任务本身。比如，一位作家在写作时可能完全忘记了自己的存在，他不再担心别人的评价或自己的表现，只专注于故事和文字本身。

⑨ 活动本身即奖赏：享受过程，而非仅仅为了结果

活动本身的奖励感，这是心流活动的最后一个关键特征，通常意味着个体从活动本身获得满足，而非外部的奖励或认可。举例来说，一位跑者可能享受跑步本身，而不是因为跑步能带来的健康利益或赢得比赛。跑步时的每一步、每一次呼吸和心跳的感觉，对他来说都是奖励。

心流的神奇力量

心流不仅提升了个体的生产力和创造力，它还能显著增强我们的幸福感和生活满意度。在心流的包裹下，我们不仅能够突破自我，取得个人最佳表现，更能体验到那种源自内心深处的充实与欢愉。

① 生产力的显著提升

心流的直接益处之一便是显著地提高个人的生产力。当一个人全身心投入一项活动中，如同进入了一个没有干扰的专注空间，他的注意力高度集中，效率自然大幅提升。

很多程序员在编写代码的时候，都会进入心流的状态，那是一种几乎与世隔绝的投入。他们可能在几个小时内完成通常需要一整天甚至更久的工作量。在心流的加持下，思维变得无比清晰，决策迅速，寻找问题的解决之道就如同呼吸般自然。这种高效的工作状态不仅极大提升了任务的完成质量，还为个人职业发展铺平了道路。

② 创造力的极致发挥

在创造性的工作中，心流的魔力显得尤其突出。一位画家，独自一人面对他的画布，每一笔触都如同呼吸般自然，彼此交织着情感与色彩。作家则在键盘前，手指舞动间编织出故事的脉络，句句打动人心。而音乐家，在钢琴前让旋律在空中跳跃，每个音符都像是心跳的回响。在这些瞬间，心流的魔法无声地施展，引领他们远离尘嚣，触及灵魂的深处。

在心流的状态下，创意仿佛是源源不断的泉水，不受束缚地流动。传统的思维边界仿佛突然间消失了，新奇而独特的想法在我们的脑海里跳跃。就这样，出人意料的艺术作品和创新思维便悄无声息地诞生了。这种思维的自由和创造力的爆发，正是心流赐予我们的宝贵礼物，让我们的世界因此而更加丰富多彩。

③ 幸福感与满足度的显著增强

除了生产力和创造力的提升外，心流状态对个人的幸福感和生活满意度的提升也极为关键。当人们处于心流状态时，他们经历的是一种深刻的内在满足和快乐。这种快乐源自对活动的深度投入和纯粹的享受，与外界的奖励无关。

例如，一位园艺爱好者可能会在修剪出完美的玫瑰形态后，体验到一种难以言表的成就感和满足感。同样，一位跑者在晨跑中慢慢踩准了那种完美的步伐节奏，体验到的不仅仅是身体上的挑战，更是心灵上的极致释放。

这种心流带来的深层满足和快乐，对于提升我们的整体生活质量至关重要。无论是在职场中，还是在个人的爱好和休闲活动中，心流所带来的深度满足感和快乐，是我们追求幸福生活的重要组成部分。

那些你经历过却不知道的心流时刻

如果你细心观察，会发现心流的例子无处不在，体现在我们日常生活的每一个细节。这种状态过去常见，现在无时不在，将来也必将继续存在。无论是过去、现在还是未来，心流都将持续影响着人们的工作和生活，激发出他们最佳的表现和最深的满足感。

① 在艺术中找寻灵感的时刻

在艺术领域中，心流的表现尤为引人入胜。设想一个雕塑家，他在光线柔和的工作室中与一块待雕的大理石相对。随着凿子和锤子的每一次敲击，雕塑家逐渐与外界隔绝，整个心神都投注在手中的材料上。细节逐渐在石头上浮现，仿佛每一次敲击都在讲述一个古老的故事。

这种专注的状态使得他的技艺和创造力达到顶峰，雕塑家能够从块状的大理石中解放出精细的形态和情感。这不仅仅是技术上的成功，更是艺术表达的极致，展示了心流在艺术创作中无与伦比的魔力。

② **体育竞技中的决胜瞬间**

体育竞技领域心流的例子同样丰富。在比赛的关键时刻，运动员们进入心流状态，往往能够展现出超乎寻常的表现。在各大篮球赛事中，我们总可以看得到某一位篮球运动员在比赛的最后几秒钟，全场的目光都集中在他身上，他却仿佛置身于一个无声的世界，完全与篮筐进行心灵的对话。

在这种高度集中的状态下，运动员的思维异常清晰，身体反应迅速而准确。所有的训练和技巧在这一刻得到最完美的展示，这使得他们能够在高压环境下保持冷静，发挥出最佳水平。这不仅是技术的胜利，更是心流带来的心理优势的体现。

③ **商界决策中的清晰视角**

在充满竞争的商业领域，心流也频频显现。企业家在筹划新项目或面对棘手问题时，心流帮助他们排除万难，专注于解决方案。在这种心流状态下，思考变得异常敏捷，判断力和决策能力显著提高。

例如，一位企业家在设计一项新的市场策略时，可能会完全沉浸在数据分析和市场预测中，忘却时间的流逝。这种专注使得他能够洞察市场动态，捕捉到那些容易被忽视的机会点。心流不仅提升了他的决策质量，也使他在激烈的商业竞争中占据先机。

④ 日常生活中的完美时刻

心流也显现在日常生活中的简单活动里。我们可以试想一下，一个母亲在一个悠闲的周末下午决定重新整理家中的每一个角落。她开始对衣物、玩具和书籍进行分类，每找到一个物品的最佳位置，都有一种小小的成就感。时钟上的指针在匀速移动，她全然忘记了外部的嘈杂和日常的烦恼，只沉浸在这个重新创造空间的过程中。

这种深度的投入不仅仅带来了一个整洁有序的家，更重要的是，让她在忙碌的生活中找到了一种深刻的内心平静和满足感。通过这样的日常整理，母亲重塑了居住环境，也重新构建了自己与家的联结。

绘制你的专属心流地图

心流，并非遥不可及的幻象，它实际潜藏在我们日常生活的每个角落。通过识别和回顾你自己的心流体验，你不仅能深入理解这一现象，还可以学习如何有意识地进入这种充满魔力的状态。

想想看，你是否曾在某个瞬间完全投入，以至于周围世界似乎暂时消失了？这种体验可能在你专心组装模型、解决复杂的数独难题，或是在安静的傍晚散步时发生。在这些时刻，你的情绪是怎样的？时间感知是否有所改变？当你结束这些活动时，你感觉如何？

要真正体验心流的魔力，关键是要发现那些能够引发这种状态的活动。下面是一些发现和体验心流的实用建议：

① 广泛尝试，保持开放

在寻找心流的过程中，初期可能充满未知。尝试各种活动，如园艺、绘画、写日记或长距离骑行。用开放的心态去探索，让自己对新尝试保持好奇。比如，你可能从未料想到玩益智游戏会如此吸引人，但是一旦尝试，你可能会收获意想不到的专注和好心情。

② 细致观察体验

在探索中，留意每一次活动的感受。有哪些活动让你感到时间飞逝？在进行哪些任务时，你发现自己完全忘记了周围的环境？例如，你可能在深夜阅读一本引人入胜的小说时，发现自己全然沉浸其中，周围的一切都静悄悄地淡出了脑海。

③ 寻找挑战与技能之间的平衡

心流常出现在既具有挑战性又在个人能力范围内的任务完成过程中。挑选既具挑战性又适合你技能水平的活动，如果你喜欢写作，尝试撰写一个短篇故事，或者如果你喜爱烹饪，不妨尝试做一道全新的美食。

④ 创造支持心流的环境

确保你的活动环境有助于集中注意力和提升创造力。这可能意味着你要为爱好创造一个专属的空间，如布置一个舒适的阅读角落或一个灵感迸发的工作室。这里有一个诀窍，就是一个有助于集中的环境是进入心流的关键。

⑤ 与他人分享和交流

分享你的心流体验可以激发新的思考和动力。参与相关的社群或与志同道合的朋友交流，不仅可以增加乐趣，还能获得新的灵感和技巧，从而深化你的心流体验。

通过这些策略，你会更容易地发现那些能够激发你进入心流的个性化活动。记住，探索的过程本身就应该是享受和好奇心的延伸。一旦你找到能够引发心流的活动，你将享受到更深层次的专注、满足和快乐。

心流背后的科学密码

接下来，让我们深入探讨心流这一令人着迷的状态。逐步解锁大脑在心流状态下的运作奥秘，就仿佛在观赏一场精彩的神经交响乐章。当我们全神贯注时，特定的神经回路被激活，精密配合，共同谱写出这引人入胜的体验。这种理解不仅揭示了心流背后的科学原理，更让我们珍视并懂得如何捕捉日常生活中那些自发涌现的心流瞬间。

大脑进入心流时的神奇变化

当我们完全投入心流状态时，大脑就像一个手巧的艺术家，巧妙地操控着我们的思维和感觉。心流，这个词虽然承载着心理层面的深远意义，但实际上在神经科学领域也占据着举足轻重的地位，与我们大脑中的深层次活动紧密相连。

通过使用先进的脑成像技术，如功能性磁共振成像（fMRI）和正电子发射断层扫描（PET），科学家们已经开始探索心流状态下大脑的活动图谱。这些技术不仅打开了一扇窗，让我们得以窥见心流背后的生物学基础，它们也像是在解开一个复杂的科学谜题。

心流的研究像是揭开了思维的盛宴。无论我们是在画画、写作、编程还是运动时，我们的大脑都在背后默默进行着复杂的协同和调整。在心流魔力的引导下，大脑中某些区域的活跃度增加，而其他区域则可能表现出相对静默的状态。这种精妙的调整帮助我们高度集中注意力，同时也极大地提高了我们的创造力和生产力。

这一现象可以被比喻为一支高水平的交响乐团。其中，每位乐手都精通自己的乐器，而指挥则精准地引导他们，确保每个音符都完美地融合在一起，共同创造出令人心醉的音乐。在心流状态下，我们的大脑区域就像这些乐手一样，而神经递质则扮演着指挥的角色，确保每个神经信号都能准确无误地传达。

心流状态中的注意力是由我们对正在进行的活动的深厚兴

趣和热情所驱动的。这种内在的动力激发了大脑的特定部位，使我们能够超越日常的思维模式，进入一个高度专注、带劲又有挑战的高效状态。这就像我们正在探索一个未知的领域，每一步都充满了惊喜。

进一步的研究还揭示了经常进入心流状态对大脑健康的积极影响。心流体验能够减轻压力，增强心理韧性，甚至有助于防治某些心理健康问题。这些积极的影响好比是为我们的大脑免疫系统进行一次强化训练，使其变得更加强健和有抵抗力，为我们的整体健康带来益处。

快乐激素如何推动心流状态

你有没有经历过这样一种情境：你完全沉浸在一本引人入胜的小说中，周围的世界似乎静悄悄的，只有书页在你指尖轻轻翻动。在这种深度集中的状态中，你的大脑正秘密地进行一场精彩的化学演出。神经递质，这些大脑中的化学信使，在我们经历心流时扮演着至关重要的角色，它们协同作用，创建出心流体验的生物学基础。

多巴胺，这种与快乐和奖励感直接相关的神经递质，在心流体验中起着核心作用。设想你在解决一个棘手的数学问题或完成一幅精美的画作时，随着每一个难题的解决和每一笔的完善，你的大脑会释放多巴胺。这种化学释放带来的愉悦和成就感，就像是一场心理上的庆功宴，鼓励我们继续前进，迈向下一个挑战。

同时，血清素这种影响我们情绪稳定的神经递质，在心流的过程中也扮演着关键角色。当你全神贯注于某项活动时，例如在一场关键的网球比赛中，血清素水平的提高能够帮助你保持冷静和专注，每一次球拍的挥动都需要极致的集中力，任何一丝松懈都可能改变比赛的走向。

除此之外，这些神经递质的作用还远不止于调节我们的情绪。例如，多巴胺的增加不仅让我们感到快乐，还能显著提高我们的学习能力和记忆力。在心流状态下，我们的大脑如同被赋予了超能力，能够更加高效地吸收和处理信息。想象一位摄影师，当他全心投入于捕捉那些短暂而美丽的瞬间时，每一个细节、每一束光线都被他的大脑精确地记录下来。

通过深入了解神经递质在心流中的作用，我们不仅获得了洞察自我心理状态的窗口，还学会了如何巧妙调整日常生活以增强这些效果。将挑战性活动和规律运动融入生活不仅能激发多巴胺的释放，增添快乐和成就感，而且通过社交和保持积极态度，也能有效稳定血清素水平，让情绪更加平和。这些简单而有效的生活调整，不仅改善了我们的日常心情，还帮助我们更自如地进入那种高效、充实的心流状态。

掌握了心流背后的科学，我们就能更精准地设计自己的生活节奏和活动，这样既能提高工作效率，还能增加生活的乐趣。这不只是科学的应用，更是一种生活的艺术，能让每一天都充满新的发现，迸发无限的创造潜力。在这个过程中，我们不仅实现了自我优化，也逐步提升了生活的整体质量，享受每一刻带来的深刻满足和快乐。

心流状态如何提升认知功能

进入心流状态时，我们不仅能感受到极致的愉悦，认知功能也能得到显著的增强。这一状态对我们的注意力、记忆力、创造力，乃至决策能力都产生了积极的影响。

当一位围棋高手在下棋中完全沉浸时，他的世界里只剩下棋盘上的黑白交错。对他来说，每一个棋子的位置，每一种可能的走法都清晰可见，仿佛时间本身放慢了脚步。在这种心流状态下，他的注意力被拉到了极致，记忆力和策略思考能力也被推向了新的高度。这不仅使他能更准确地预测对手的下一步，还帮助他在棋局中想出前所未有的妙招。

在心流的浸润下，我们的注意力不再是散漫的光束，而是变成了一束锐利的聚光灯，照亮了任务的每一个细节。这种集中的力量使我们能够更迅速、更精确地处理信息，对周围环境和细节的感知也更加敏锐。不管是完成复杂的工作任务，还是深入学习新的知识，心流都能让我们的表现更上一层楼。

心流对记忆力的提升同样不可小觑。当我们全身心投入一项活动时，相关的信息似乎就自动地被我们的大脑所吸收和保存。比如一个正在学习钢琴的音乐家，当他完全沉浸在乐曲的演奏中时，每一个音符、每一段旋律都自然而然地镌刻在他的记忆里，使学习过程变得更加高效。

创造力的激发也是心流带来的神奇礼物。在这种状态下，我们的思维不再受传统框架的束缚，而是能自由地探索和组合新奇的想法。这就像一位小说家在构思故事情节时，新的角色和转折点仿佛从天而降，自然地融入他的故事中。

心流对决策的影响同样深远。在这种状态下，我们的思考变得更加清晰，对复杂情境的分析和选择的权衡都显得格外敏捷。无论是一位企业家面对商业投资的选择，还是一个日常生活中的小决策，心流都能帮助我们以最佳的状态做出判断。

探索心流带给我们的不仅是对大脑潜能的洞见，更是一种新的生活实践。了解到心流如何全面提升我们的思维、记忆、创造力和决策能力之后，我们可以更有意识地培养这种状态，将其优势转化为日常生活的强大动力。心流不只关乎科学，它还涉及如何让生活变得更富有意义，每一天都被活力和新发现充实。这是一种方法，教我们如何让心流成为生活中的常态，从而在工作和休闲时都能体验到效率与愉悦的完美融合。

心流与快乐的深层关系

心流触及了我们生活的方方面面，从个人成长到日常生活的每个小细节，都因它而变得更加丰富和精彩。在这一节，我们将一起深入探讨心流如何成为我们快乐的源泉，并从心理学的角度，展现一个全新的世界观。

心流如何创造快乐

当我们谈论快乐时，我们经常想到的是轻松的假日时光或与家人朋友在一起的欢乐时刻。然而，还有一种更深层次的快乐，它源自心流——那种我们在活动中完全沉浸的状态。这种来自深度参与的快乐，是一种从内而外的幸福感，它涵盖了我们与活动的互动和个人技能的提升。

以园艺爱好者为例，比如一位退休的女士，每个周末都投入几个小时来打理她的花园。在这些时光中，她完全沉浸于植物的世界，修剪枝叶、搭建花架，周遭世界的喧嚣似乎暂时消失了。对她而言，园艺不仅仅是一项爱好，也是她体验心流的一个舞台。在这个过程中，时间好像停止了流动，她感受到一种难以言喻的满足和快乐。

心理学家们发现，心流状态能带来一种独特的快乐——这种快乐来源于挑战自我和提升技能的过程。当我们在某项活动中达到心流状态，我们的技能水平和活动的挑战性达到了一种完美的平衡。这种平衡带来的不仅是成就感，还有深刻的满足感。比如，一个音乐家在演奏时，他完全投入于每一个音符，忘记了周围的世界。这种专注不仅提升了他的演奏能力，还为他带来了一种难以言喻的内在快乐。

当我们沉浸在心流状态时，自我意识的减弱让我们摆脱了对自身问题的担忧或自我评价。这种忘我体验使我们摆脱了日常生活的束缚，体验到一种纯粹的、不受外界干扰的快乐。例如，一个攀岩爱好者在追求极限时，完全忘记了自我，只专注于每一个动作和抓握，享受着超越日常的快乐体验。

米哈里·契克森米哈赖在其心流理论中指出，当人们在活动中体验到心流时，他们不仅感到快乐，还在不断地学习和成长。例如，一个热爱写作的人，在写作过程中不断挑战自己的思维和表达能力。每当完成一篇文章，他不仅感受到快乐，还感到自己在不断进步，实现自我。

这样的快乐与简单的休闲娱乐所带来的快乐截然不同。心流快乐是一种源自内心深处的满足感和成就感，它是通过深度投入和自我超越获得的幸福。在接下来的小节中，我们将继续探索心流如何在各种生活场景中创造快乐，从而丰富我们的生活体验和提高生活质量。

心理学解读心流

从心理学的视角探究，心流不只带来一时的快乐，它实质上支撑着我们的心理健康和个人发展。它在推动个体心理成长和提升幸福感方面发挥着至关重要的作用。通过多个视角，心理学家们揭示了心流和幸福之间深刻而复杂的联系，为我们提供了新的见解。

动机理论提供了一种视角，表明心流是自我激励的顶峰体验。当我们在活动中面临适度挑战，并感觉自己完全有能力应对时，心流就自然发生了。这不仅带来任务完成的满足感，更让我们感受到自我能力的提升。比如一位程序员沉浸于代码世界，解决一道道难题，每一个问题的攻克都会让他的自信心大增，深深地沉浸在心流的愉悦中。

自主性心理学则强调自我决定与个人选择的重要性，它表明在选择与个人能力相匹配的挑战性活动时，心流体验尤为丰富。比如一个作家，当他自由地选择主题和笔触时，会觉得自己完全掌控了创作过程，从而更容易进入心流状态，享受写作带来的纯粹快乐。

心流还是一种卓越的情绪调节策略。当我们全神贯注于一个吸引人的任务时，会暂时忘却生活的烦恼和压力。一个运动员在紧张的训练中可能完全忘记外界的存在，通过身体的极限运动以达到情绪的释放和精神的升华。

进一步地，心流还在个人价值观和身份认同的形成中扮演了关键角色。当人们在与自己的价值观相符的活动中体验心流时，不仅体验到了快乐，还加深了对个人目标和身份的认同。例如，一位中国书法家在创作传统书法作品时，每一次挥毫落墨都深深地沉浸于他的艺术世界中。这种专注不仅让他在书法技艺上达到心流状态，也使他在传承和推广中国传统文化的过程中，深深锚定自己的文化身份，激荡起深厚的自豪之情。

心流体验还与生活满意度和总体幸福感紧密关联。那些常常进入心流状态的人，往往感受到更高的生活质量和更充实的日常。这表明心流不只是短暂的愉悦，它塑造了一种持久的积极心态。

心流的魅力在于它如何让日常活动变成富有成就的经历。通过将挑战性任务变为机会，心流让我们的生活不仅充满了挑战，更充满了成就和进步的喜悦。每次深入的探索都不仅仅是完成了一个目标，更是在这个过程中发现了自我，享受每一刻带来的深刻满足感。这种通过心流达到的生活艺术，使得我们不只是生活在世界上，更是热情地体验着每一个活生生的瞬间。

从心流到幸福人生的进阶

心流体验是一段情感旅程，它将我们从日常生活的波动中带到深度的投入和满足之中。这一过程不仅丰富了我们的内心世界，还显著提升了我们的整体幸福感。

幸福并不仅仅是一时的快乐，更是一种深层次的内在满足。比如，当一位志愿者在社区服务中帮助他人时，虽然劳累但获得的是心灵的充实。在心流状态下进行有意义的活动，比如写作、绘画或教学，都能带来这种深刻的满足感。

画家面对空白画布的那一刻，心中可能有焦虑和不安。然而，随着每一笔的勾勒，随着色彩在画布上逐渐丰富，她逐步沉浸于创作的世界。原先的焦虑被专注与创造的激情所替代，她体验到由内而外的快乐——这是心流的典型体现。

心流不仅帮助我们逃离负面情绪，还能提升工作效率。例如，一位作家在深夜伏案写作。当他逐渐展开故事情节、精心雕琢每一个字句时，所有的外界干扰似乎都消失了。他的注意力完全集中在创作上，这种专注让他感到一种难得的心灵释放。

在极限运动中体验心流的人们尤其能感受到一种被称为“自我超越”的情绪。他们在挑战自己极限的同时，感觉自己与更广阔的世界连接，如同跨越了个人的界限。比如，马拉松运动员在赛道上的每一步都不仅是对体力的挑战，也是与内心的对话，是探索自己潜能的过程。

这种心流带来的情感转变极大地提升了我们的长期幸福感。它不仅在活动中带来瞬间的快乐，更为我们的生活增添了持续的满足感和成就感。如同园艺爱好者在照料植物时，虽然日复一日，季节更迭，但看到花园里花开花落的美丽景象，内心的满足和幸福感是无以言表的。

在每一次的心流体验中，它教会了我们如何在生活中营造一个更加积极和谐的环境。这让我们每天都能以更健康、更充实的心态面对生活的挑战与机遇。因此，心流不仅仅是一次临时的沉浸体验，更是一种持续影响我们的方式，能够让生活质量得到实质性的提升。

心

流

力

第 2 章

心流三重奏：成长、效率与创意全激活

心流不仅仅是一种心理状态，更是连接个人卓越和创新成就的桥梁。在接下来的内容中，我们将探索心流如何解锁个人的潜能，帮助人们在职业生涯中达到新的高峰，并激发出无限的创造力。心流让我们的潜能得到最大化释放，让我们在追求专业上的成就时，能以更加激情和创新的方式前行。

个人成长加速器

心流是一把神奇的钥匙，它能激发个人深藏的潜力，打开一个充满无限可能性的新世界。在心流的涌动中，我们发现自己能够超越常规，挑战那些曾经看似不可完成的任务。这种状态不仅让我们接近自我实现的顶峰，还能引领我们成为心目中最想成为的那个人。心流的力量在于，它让我们在追求卓越的过程中，体验到每一次成长的喜悦和实现每一个目标的成就感。

释放内在潜能的钥匙

心流，这个看似简单的概念，实际上拥有让个人从平凡转变到卓越的巨大力量。当我们沉浸在心流的状态中，我们的潜能得以激发，使我们能够超越自己的限制，实现不凡的成就。心流是一种忘我的状态，在这种状态下，时间似乎静止，我们全身心地投入眼前的任务中，产生了无与伦比的创造力和效率。

心流的第一个关键要素是专注力的提升。在心流状态下，我们的整个注意力都集中在手头的任务上，所有的心理资源都被动员起来，专注于当前的活动。这种极致的专注不仅提高了我们的工作效率，还增强了我们对细节的洞察力，使我们能够在工作、学习甚至是艺术创作中达到更高的水平。

大家都熟知的伟大的物理学家——史蒂芬·霍金，面对过最艰难的个人挑战之一。当他被诊断出患有肌萎缩侧索硬化时，许多人可能会认为他的科学生涯已经结束。然而，霍金不仅克服了身体的限制，而且利用他的智慧和坚韧不拔的精神，在科学界取得了令人瞩目的成就。

在心流的状态下，霍金的注意力完全集中在复杂的宇宙理论上，他的大脑忙于解开宇宙的奥秘。他的研究不仅推翻了黑洞不发出辐射的传统观点，还极大地推进了我们对宇宙起源和结构的理解。霍金通过心流，将自己的理论和想象力转化为了改变世界的科学发现。

心流的第二个关键要素是持续性。在心流状态下，时间似乎变得无关紧要。我们可以长时间保持对某项活动的专注，而不感到疲倦或厌烦。这种持久的专注力使得我们能够在长时间的工作或学习中保持高效率，从而在个人成长和职业发展上取得显著的进步。

说到持续性，J.K. 罗琳女士则是另一个心流对个人成就影响深远的例子。她创作“哈利 · 波特”系列作品时，正处于个人生活的低谷期，她离了婚，独自抚养刚出生不久的孩子，没有工作，父母也对她感到失望。

然而，正是在这个时期，罗琳进入了一种深度的心流状态，全神贯注于构建一个奇幻而又复杂的魔法世界。她在咖啡馆里一字一句地创作，完全沉浸在她的故事中，好似与哈利和他的朋友们一起生活在霍格沃茨。通过心流，罗琳不仅克服了生活中的逆境，还创造了一个全球性的文化现象。她的作品深受亿万读者的喜爱，激励了无数人去追寻自己的梦想。

心流的第三个关键要素是创造力的激发。当我们沉浸在心流中时，思维变得更为自由和灵活，这有助于我们产生新的想法和解决方案。心流状态下的大脑激发了我们对事物的新视角和新理解，使我们能够创造出独特和具有创新性的作品。举个例子，伟大的画家文森特·梵高在创作他的名作《星空》时，正是处于一种心流状态。他全神贯注于画布上的每一笔、每一层颜色，心中充满了对夜空的热爱与幻想。通过心流，梵高将他的情感和创意融入画作，创造了永恒的艺术杰作。

心流不仅仅是一种达到高效的专注状态，它更是一种使我们能够发现自己潜能、实现自我超越的力量。无论是科学家、作家还是普通人，心流都能帮助我们突破自我限制，达到前所未有的高度。通过培养心流的习惯，我们可以激发自己的潜力，实现从平凡到卓越的转变。

如果每个人都能在生活中找到心流的状态，世界将会变得多么美好和富有创造力。无论你是追求职业上的成功，还是寻找个人成长的道路，心流都是那把释放潜能的钥匙，帮助你打开无尽可能的大门。

克服挑战：心流的转变力

在我们的生活和职业中，挑战是不可避免的。这些挑战可能来自工作压力，如在紧迫的截止日期前完成一个复杂的项目，或者来自个人生活，如平衡家庭责任和职业发展。对于学生而言，考试和学术研究是一大挑战；对于艺术家来说，创造出有影响力的作品是他们面临的难题；而对于运动员来说，超越自身极限，展现最佳水平是他们的挑战。

面对这些不同形式的挑战时，心流可以成为我们最强大的盟友。当我们进入心流状态时，认知能力、决策速度和创造性思维都被提升到一个新的高度。这种状态使我们能够更加有效地应对工作上的困难任务，如开发一个创新产品或解决一个棘手的技术问题。

作为特斯拉和SpaceX的创始人，埃隆·马斯克的野心是将人类带入太空时代。然而，在实现这一壮阔愿景的过程中，他遇到了重重困难，其中包括技术难题、经济压力，甚至是公众和专业界的质疑。

以SpaceX的早期为例，公司面临着火箭发射连续失败的危机。每一次失败都伴随着巨大的财务损失和公众信心的削弱。在这样的压力下，普通人可能会感到绝望。然而，马斯克不仅投入巨大的精力来分析每次失败的原因，还亲自参与工程讨论，与团队一起寻找解决方案。他的大脑仿佛成为一个高效运转的引擎，专注地分析数据，不断迭代设计，直到找到成功的路径。

在一次关键发射前夕，马斯克和团队成员在发射现场工作到深夜，以确保一切准备就绪。他完全沉浸在工作中，对任何干扰视而不见，完全忘记了时间和疲劳。正是这种心流状态，让他能够在巨大压力下保持清晰的判断力和精准的决策力。最终，SpaceX成功将火箭送入太空，这不仅是技术上的胜利，更是心流带来的成果。正是马斯克对细节的极致深耕和持续的问题破解能力，让SpaceX攻克了看似不可能的挑战，成为世界上最成功的私人航天公司之一。

马斯克的故事是心流如何助力一个人在面临巨大挑战时仍能保持专注和创新思维的生动展示。他的经历证明了：借助心流状态，我们不仅能够克服眼前的困难，还能够实现远大的目标和梦想。

心流还具有转化困难为机遇的能力。在心流的状态下，我们不再将挑战视为障碍，而是看作是成长和发展的机会。这种心态的转变是实现个人和职业成功的关键。例如，面对复杂的技术问题，一个程序员可能会感到困惑和沮丧。但如果他能进入心流状态，这个问题就从一个压力源变成一个激发他潜能和创造力的机会。通过心流，他能够更加深入地分析问题，找到之前未曾注意到的解决方案。

心流不仅帮助我们在具体的任务中实现成功，还帮助我们在心理上克服恐惧和焦虑。当我们全神贯注于一个活动时，我们的担忧和不安就会消失，我们的自信心得到增强。这种心理上的改变是非常重要的，它让我们能够更加勇敢和自信地面对生活中的挑战。

例如，一个画家在创作一幅复杂的作品时，完全沉浸在色彩和线条的世界中，他的思维自由流动，手中的画笔仿佛有了自己的生命，每一笔都充满了情感和灵感，最终创作出一幅令人惊叹的杰作。这种心流状态，不仅让他忘记了时间的流逝，也让他体验到了创作的纯粹快乐和成就感。

正如埃隆·马斯克和无数其他成功人士所展示的那样，通过心流，我们可以将自己的梦想变为现实，创造出令人惊叹的奇迹。让我们一起探索心流的力量，开启一段充满无限可能的旅程。

探索与学习：无限可能的探索

学习是我们人生旅程中的重要部分，无论是深入钻研学术，还是在每一个成长的瞬间。它不仅仅是知识的积累，更是一种思维的锻炼和视野的拓展。在这段充满探索和发现的旅途中，心流状态显得尤为重要，它不仅让我们在学习时更加专注，还改变了我们与知识互动的方式，使学习变得更加生动有趣，充满深度和成效。

心流在学习中的作用，可以看作是一种思维上的放大镜，它让我们深入知识的核心，感受学习的细微之处。当我们进入心流状态，我们的认知能力被激发到最大，注意力高度集中。在这种状态下，信息处理变得更加高效，我们能够更快地吸收和理解新知识。比如，一个学生在心流状态下学习数学，可能会在较短的时间内掌握复杂的概念和解题方法，因为他完全沉浸于解决问题的过程中。

阿尔伯特·爱因斯坦就是通过心流状态来探索和理解复杂的物理概念的。爱因斯坦在发现相对论时，就深深地沉浸在对时间和空间本质的思考中。他能够长时间保持对复杂物理问题的集中思考，这种专注超越了普通的学习状态。他的大脑在这种深度专注下工作，使得他能够将看似无关的物理概念关联起来，提出了颠覆性的理论。

此外，心流还增强了我们对学习内容的记忆。在高度集中的状态下，信息更容易从短期记忆转移到长期记忆。这意味着我们在心流状态下学东西，不仅学得更快，而且记得更久。这对于需要长时间记忆和应用的学科来说尤为重要。例如，学习一门新语言时，心流状态可以帮助我们更快地掌握词汇和语法规则，并在实际交流中应用自如。

心流还有助于提升我们解决问题的能力。在这种状态下，我们的思维更加灵活和富于创造性，能够从不同角度看待问题，找到创新的解决方案。例如，一个科研工作者在研究中遇到难题时，心流的状态可以帮助他突破思维的局限，发现新的研究方向或方法。

让我们再来看另一个名人——玛丽·居里的例子。居里夫人在放射性元素的研究中展现了惊人的心流状态。在那个时代，女性科学家的地位远不如男性，她们面对的不仅是科学研究的艰难，还有社会的偏见和资源的匮乏。然而，这些外部的困难并没有影响居里夫人的研究热情。她常常在实验室中忘我工作，她的思维完全沉浸在放射性元素的特性和应用研究中。正是这种心流状态，让她能够在极其艰苦的条件下发现钋和镭，并两次获得诺贝尔奖，为科学界做出了巨大贡献。

最重要的是，心流使学习成为一种享受。当我们全神贯注于学习时，我们不仅能感到满足，还能体会到乐趣。这种积极的情感反馈是终身学习的重要动力，它鼓励我们持续探索新知识，不断成长和进步。设想一个小学生在学习绘画时，完全投入于色彩和线条的世界中，手中的画笔随着心意舞动，时间仿佛静止，他的脸上洋溢着专注和满足的神情。这种心流带来的愉悦和成就感，是激励他不断追求艺术梦想的力量源泉。

自我发现与自我超越

心流不仅是一种深度的专注状态，它也是一扇通往自我发现和自我超越的窗口。在心流的深层体验中，我们不仅穿越了日常生活的边界，还深入挖掘了内在的潜能和热情。试想一下，当一名舞者在舞台上随着音乐旋转，她进入了一种完全沉浸的状态，这时她不仅是在跳舞，更是在与自己对话，发现自己的极限和可能。

埃鲁德·基普乔格，这位马拉松跑者和奥运会金牌得主，是心流带来自我超越的生动例子。在他的长跑生涯中，基普乔格多次体验到心流的状态。对他来说，长跑不只是一种体育活动，而是一种深刻的内在旅程。在跑步过程中，他的每一次呼吸、每一步跑动，都是与自我深层对话的一部分。这种状态中，他超越了身体的极限，打破了世界纪录，更重要的是，他在这个过程中发现了自己真正的能力和潜力。就像一只蝴蝶破茧而出，基普乔格在心流的体验中揭示了自己作为一个跑者和一个人的真实面貌。

在心流状态下，我们的思维变得更加清晰，能力被放大，我们开始探索那些通常被日常忧虑和恐惧所掩盖的潜力和兴趣。这种深刻的自我认识就像是在厚重的雾中找到了一束灯光，它指引我们发现了隐藏在内心深处的热情和目标。通过心流，我们不仅提升了自己的技能，而且拓宽了对自我潜能的认识，从而在个人成长的道路上迈出了坚实的一步。

心流的体验还鼓励我们追寻那些真正激发热情的事物。通过在活动中体验心流，我们不仅发现了新的兴趣和爱好，更重要的是发现了自己真正的热情所在。这种对自己兴趣的深入了解和自我实现的过程，为个人带来了巨大的满足和成就感，就像一位探险家在未知领域中发现了珍贵的宝藏。

甲骨文公司的创始人拉里·埃里森就是这样一位探险家。最初，埃里森本来是学医学的，但他并没有在这个领域找到真正的热情，就像一艘在茫茫海洋中寻找航向的船只，他的生活和职业之旅在很长一段时间里缺乏明确的方向，以至于他干脆辍学了。

后来，年轻的埃里森在工作中有幸接触到了计算机技术，这让他瞬间产生了浓厚的兴趣，并自学了计算机编程和相关的技术知识。这种兴趣很快转变成了热情，引领他走向了计算机技术的世界。在编程和探索计算机系统的过程中，埃里森经历了心流的深度体验。在这些时刻，他完全沉浸于编程的挑战中，忘记了时间的流逝。他的思维变得异常清晰，专注于解决问题，这种专注力和创造力的结合，最终引导他创立了甲骨文公司。

埃里森在甲骨文的早期发展中扮演了关键角色。他对技术的深入理解和对创新的不懈追求使得公司快速成长，成为全球领先的数据库软件供应商。这一切都源自他对计算机技术的热情，这种热情在心流的状态中得到了加强和深化。

埃里森的经历展示了心流体验如何帮助我们发现并追寻自己的真正热情。正如埃里森从医学转向计算机科学，这种生涯的转变就是一次深刻的自我探索和实现。他的成功不仅在于甲骨文的商业成就，更在于他找到了自己生命中的真正热情，并将其转化为创造力和创新的动力。

心流在帮助我们认识自我、发现潜能的同时，也促进了我们在个人成长和自我超越方面不断进步。像埃鲁德·基普乔格一样，我们每个人都可以通过心流体验找到自己的道路，超越限制，实现个人的最大潜能。正如星星在夜空中闪耀，每个通过心流实现自我超越的个体，都在自己的生活领域中散发着独特的光芒。

职场心流模式

无论你是个人奋斗者、团队一员，还是一家拥有超过十万名员工的大型企业的CEO，心流都能帮助你实现工作上的变革。在高压力的环境中，心流能让你快速而准确地做出决策，大幅提升工作效率和成果。心流的魔力不仅让我们更高效地完成任务，还能推动整个组织朝着更高的目标不断迈进。

工作效率翻倍的黄金状态

现代职场中，高效率是成功的关键，而心流正是达到这一目标的强大工具。心流状态使个人头脑清晰、运作高效，从而在工作中产生最佳效果。这一现象在各个职业中均有体现，从创意工作者到程序员，从销售专家到医疗工作者。

让我们以安娜的故事来具体说明心流是如何提升工作效率的。安娜是一位市场营销专家，在一家以创意和创新为核心的广告公司工作。在这个竞争激烈的行业中，她经常面临着制定新广告方案的挑战。最初，面对复杂的市场数据和创意上的巨大压力，她常感到焦虑和不安。任务繁重且复杂，每天的工作结束时，安娜常常感到筋疲力尽，成效甚微。

然而，随着经验的积累，安娜开始注意到，每当她深入挖掘消费者洞察并探索创意构思时，她能更快地进入一种特殊的工作状态。在这种状态中，安娜发现自己的注意力异常集中，外界的干扰如电话铃声、同事的对话甚至时间的流逝都变得模糊不清。这正是心流的魔力——一种使人全然投入并提高效率的心理状态。

在策划一次重要的产品推广期间，安娜和她的团队面临一个棘手的挑战：如何在一个饱和的市场中让新产品脱颖而出。安娜投入了大量时间去深入分析目标消费群体的行为模式和偏好。她调研了大量市场数据，通过观察和理解消费者的生活方式和需求，逐渐构建起一个有说服力的广告故事。

在这个过程中，安娜完全沉浸在她的工作中。每个数据点、每个消费者反馈都成为她构思广告故事的灵感来源。她利用心流状态下注意力的高度集中，将看似毫不相关的数据和观点串联起来，形成了一个既创新又贴合市场的广告方案。在心流的帮助下，她不仅加快了工作进程，还提高了工作的质量和创造力。

当方案最终呈现给团队和客户时，大家都对其创意和洞察力表示赞赏。产品上市后，广告方案大获成功，不仅吸引了大量目标客户，还在业内引起了广泛关注。安娜的成功不仅在于她的专业技能，更在于她能够利用心流状态深入分析和创造，将常规工作转化为非凡成就。

另一个典型例子是外科医生艾米丽。作为一家大型医院的资深外科医生，艾米丽每天都面临着高强度的工作和巨大的压力。每一次手术时，她不仅要应对复杂的病情，还要承担手术成功与否的巨大责任。刚开始时，这种压力常常让她感到紧张不安，甚至影响到了她的工作表现。

然而，随着经验的积累和对自身状态的不断调整，艾米丽逐渐学会了如何进入心流状态。在手术过程中，她的注意力高度集中，外界的一切干扰都被屏蔽掉了。每一个手术步骤、每一个细微的操作，她都处理得精确而果断。手术室的紧张气氛仿佛在她的心流状态中消失了，取而代之的是一种平静和专注。

有一次，艾米丽接手了一例复杂的心脏手术。患者的病情非常危急，手术风险极高。艾米丽知道这是一场硬仗，但她没有退缩。手术开始后，她迅速进入了心流状态。她的双手在手术器械间飞快地移动，每一个动作都精准无误。手术室里的其他医护人员都能感觉到她的专注和镇定。经过几个小时的高强度操作，手术最终取得了成功，患者转危为安。手术结束时，艾米丽才意识到自己已经连续工作了七个小时，但在心流状态下，她并没有感到疲惫。

艾米丽的故事生动展示了心流在医疗工作中的重要作用。在心流状态下，她不仅提高了手术的成功率，还显著缩短了手术时间。这种专注力和高效表现，不仅是她专业技能的体现，更是心流带来的工作效率提升的直接证明。

精准决策的心流秘诀

除了提升工作效率外，在职场中，尤其是在高压、快节奏的环境下，做出明智、迅速的决策也是至关重要的。而心流在这方面同样能扮演关键角色，特别是在那些需要高度注意力和精准判断力的职业中，如医疗和紧急服务行业。

在心流状态下，一个人的注意力和认知资源高度集中在当前任务上。这种集中注意力的状态大大减少了外界干扰的影响，使个体能够更快、更准确地分析情况和做出判断。让我们用一位消防员的经历来说明这一点。

迈克是一名资深消防员，有着丰富的救援经验。一天深夜，消防队接到报警，一栋高层住宅楼起火，楼内还有多名居民被困，情况十分危急。迈克和他的团队迅速赶到现场，面对熊熊燃烧的火焰和浓烟，他们知道每一秒钟都关乎生命。

当消防车呼啸着赶到火灾现场时，火势已经非常猛烈。迈克迅速评估了现场情况，并立即进入了心流状态。他的注意力高度集中，脑海中迅速浮现出最佳的救援策略。外界的嘈杂声和火焰的炙热仿佛在他的世界中消失了，只剩下他的任务和他的团队。

在心流状态下，迈克快速而准确地发出指令，协调每一个队员的行动。他冷静地带领队员们进入建筑物，逐层搜救被困居民。他的每一步都充满了决心和信心，仿佛时间都为他放慢了脚步。在他的引导下，救援工作进行得异常顺利，被困的居民一个接一个地被成功救出。

当最后一个被困者被安全地送到外面时，迈克才意识到自己已经在火场中连续奋战了几个小时。然而，在心流状态下，他没有感到一丝疲惫，反而觉得自己充满了力量和成就感。这次救援不仅仅是他职业生涯中的一个成功案例，更是心流在紧急情况下发挥关键作用的生动体现。

心流不仅仅在紧急情况下发挥作用，在许多高压职业中，也能帮助人们做出快速而准确的决策。另一个例子来自航空界。

萨利 · 萨伦伯格机长在2009年"哈得孙河迫降事件"中展现了心流的力量。当时，他驾驶的飞机在起飞后不久遭遇了鸟击，导致两台引擎都失效。面对这种极端紧急的情况，萨利机长几乎没有时间来仔细权衡他的选择。然而，正是在这样的压力下，他进入了一种心流状态。在这种状态下，他的注意力完全集中，思维清晰，他迅速分析了情况，并做出了一个大胆但被证明是正确的决策——在哈得孙河上迫降。

这个决定要求萨利机长在极短的时间内综合考虑飞机的当前状态、可用的跑道、周围的地理环境以及乘客的安全。他的大脑在这个关键时刻高效运转，他能够迅速地整合所有信息，并做出了最佳的决策。结果，他成功地在河面上迫降飞机，机上155名乘客和机组人员全部生还，这一壮举展现了心流在关键时刻对于决策的重要作用。

萨利机长的例子清楚地表明，在极端压力下，心流状态可以帮助人们迅速、准确地处理信息，做出生死攸关的决策。这不仅适用于紧急情况，也适用于日常工作中的决策过程。例如，一位金融分析师在为客户做投资决策时，心流状态使他能够深入分析市场趋势和数据，快速做出明智的投资建议。

无论是日常的工作挑战，还是突发的紧急情况，心流状态都能带来显著的优势。它不仅让我们更专注和高效，还能够让人在复杂环境中保持冷静和敏锐，使得每一步决策都更加准确和可靠。

创新思维的集中触发

创新是职场中不可或缺的元素，尤其是在设计、工程和科技快速发展的领域。它代表着一种打破传统思维模式的能力，一种能发现新的方法、新的观念，并解决复杂问题的能力。创新思维不仅依赖于扎实的专业知识，还需要敢于自由探索新领域的勇气。在这个过程中，心流扮演了至关重要的角色。

在心流状态下，个体的注意力和认知能力被极度集中和放大。这种高度集中的精神状态使得个体能够更深入地思考，超越常规的思维限制，从而产生创新的想法并付诸实践。

让我们回顾一下史蒂夫·乔布斯和他的设计团队在开发原始Macintosh电脑和后来的iPhone时的经历，这是一个展示心流在创新思维中作用的经典例子。这个团队由一群充满热情的工程师、设计师和产品经理组成，他们面临的挑战是创造一种全新的用户体验，这在当时的技术和设计领域是前所未有的。

在Macintosh电脑和iPhone的开发过程中，乔布斯和他的团队进入了一种高度专注的状态。他们的注意力和创造力都集中在如何将先进技术与人性化设计完美结合，创造出既直观又引人入胜的产品。在这个过程中，他们不断突破传统电脑和手机的界限，探索了用户界面和互动体验的新境界。乔布斯本人经常在办公室里度过夜晚，全身心投入产品的每一个细节中。

乔布斯特别强调设计的简洁性和直观性，这一理念贯穿于Macintosh电脑和iPhone的每一个细节。Macintosh电脑不仅是技术上的创新，它的图形用户界面还为普通消费者带来了前所未有的易用性，从根本上改变了人们与电脑的互动方式。同样，iPhone的开发也是在心流的推动下完成的，这款产品凭借其革命性的触摸屏设计和用户友好的界面，重新定义了智能手机的概念。

在乔布斯的领导下，苹果团队的心流体验不仅促进了产品设计的创新，也激发了技术的突破。他们在心流状态下的专注和创新思维，使得Macintosh和iPhone成为改变世界的产品。这一过程展现了在设计、工程和科技领域，心流是如何成为推动创新思维和实现突破性成果的关键因素的。

乔布斯和他的团队的经历证明了，在面对技术和设计的新挑战时，心流的重要性不可低估。通过促进深度专注和创造性思维，心流帮助个人和团队打破常规，开创创新的可能。

心流不仅提升了个人的创新思维能力，也在团队合作中起到了至关重要的作用。通过在复杂挑战中维持心流状态，团队成员能够更加有效地协作，激发彼此的创意，解决看似无解的问题。

通过培养心流状态，个人和团队不仅能更有效地激发和利用创新潜力，还能在面对各种复杂挑战时游刃有余，为公司和行业带来突破性的进步。这种状态帮助我们打破了传统的思维限制，开启了无限的创新可能，让我们在激烈的竞争中脱颖而出。

打造高效团队的“魔法”

在职场和专业领域中，团队合作是成功的关键因素之一。心流在促进团队合作和提高团队整体绩效方面发挥着至关重要的作用。无论是企业团队、研究小组还是体育队伍，心流都能帮助团队成员更好地协同工作，共同实现目标。

让我们以西班牙最著名的足球俱乐部巴塞罗那队为例。这支球队赢得过27次西甲冠军和5座欧冠奖杯（截至2023年），他们的成功在很大程度上归功于团队成员们在比赛中展现出的心流状态。巴塞罗那队以其高度协调的传球游戏和团队合作而闻名于世，他们在比赛中展示的默契配合，正是心流在团队环境中发挥作用的典型例证。

在比赛中，巴塞罗那队的球员们能够高度集中注意力，忽略场外的干扰，完全投入比赛中。每位球员都清楚自己的位置和任务，同时也能够敏锐地感知队友的位置和动向。在这种状态下，球队成员之间的配合变得流畅而自然，仿佛每个人的思维和行动都被无形的线条紧密连接在一起。

在一场关键的欧洲冠军联赛中，巴塞罗那队展现了令人惊叹的团队协作能力。球员们在场上如同一个整体运作系统，他们的传球和位置移动无比精准和默契。每次攻击都像是精心编排的舞蹈，展现了他们对比赛流程的深刻理解和对团队目标的共同承诺。梅西、哈维和伊涅斯塔等核心球员，通过眼神和细微的肢体语言进行无声的沟通，完成一次次精妙的配合和进攻。这种默契的合作和高效的执行，是他们在心流状态下的完美体现。

不仅仅是进攻端，在防守端，巴塞罗那队也展现了极高的协同能力。当对手进攻时，他们迅速回防，每个人都精准地覆盖自己的防区，同时保持与队友的紧密联系。他们的防守动作既迅速又协调，成功瓦解了对手的一次次进攻。这种攻防两端的无缝衔接，正是心流在团队中的具体体现。

心流在团队协作中的作用不仅限于体育领域。在商业团队、科研小组等多种环境中，心流同样能够促进成员之间的高效合作。当团队成员共同进入心流状态时，他们能够更好地沟通、协调行动，并共同解决复杂的问题。这不仅提高了团队的工作效率，还增强了团队凝聚力和成员间的相互信任。

比如，一个科技公司研发团队在进行新产品开发时，团队成员们完全沉浸在设计和实验中，每个人都在自己的专业领域中发挥特长，同时又紧密协作。无论是设计师、工程师，还是市场分析师，他们在心流状态下全身心投入，共同克服技术难题，最终开发出一款创新产品。整个过程不仅高效，而且充满了创意和激情。

心流在这些团队中的表现，往往是通过成员间的无缝沟通和高度协调来实现的。比如，在一个高效运作的研发团队中，每个成员都能敏锐地察觉到其他人的需求和行动，并迅速做出反应。这种状态下，团队成员彼此之间的配合和信任达到了一个新的高度，他们能够更快速、更准确地完成任务。

在教育领域，心流也同样具有显著的作用。例如，一个教学研究团队在设计新的教育方案时，成员们共同进入心流状态，分享各自的见解和创意，进行热烈的讨论和头脑风暴。他们不仅能够快速达成共识，还能激发出更多创新的教学方法和策略，从而为学生带来更好的学习体验。

心流作为一种强大的心理状态，能够显著提升团队的协作能力和整体绩效。在日常工作中，通过培养心流，团队不仅能提高效率和创造力，还能增强凝聚力和成员间的信任感。这种状态下，团队成员会发现自己不仅在完成任务，更在创造一种令人振奋的合作体验。

综上所述，心流是团队协作的强大催化剂。无论是在高压的比赛环境还是日常的工作场景中，心流都能帮助团队更好地协同工作，实现共同的目标和成功。通过共同进入心流状态，团队成员能够在各自领域中发挥最佳作用，推动团队整体朝着更高的目标迈进。

激发工作中的心流状态

正如我们在本节所看到的那样，在职场中培养心流状态对于提升工作效率和满意度至关重要。以下是一些帮助你或你的团队，在职场中激发和维持心流状态的具体方法和技巧：

① 设定清晰的工作目标

确定具体、可达成的短期和长期目标。清晰的目标可以帮助集中注意力，使工作更有方向和意义。例如，为一个项目设定明确的里程碑和期望成果，可以让你更能集中精力，促进心流的产生。设定目标时，可以采用SMART原则（明确性、可衡量性、可达成性、相关性、时限性），确保每一步都明确且有挑战性，但不过于艰难，从而保持动力。

② 管理和优化时间

有效的时间管理是培养心流的关键。尝试使用时间管理工具和技巧，如番茄工作法或时间阻断法，帮助自己在特定时间内专注于单一任务。番茄工作法可以将工作分割成25分钟的专注工作时间和5分钟的短暂休息时间，使大脑保持高效运转，而时间阻断法则可以将一天分成若干个时间块，每个时间块专注于一个特定任务，避免频繁切换任务带来的干扰。

③ 找到内在动机

找到内在动机是保持心流状态的重要因素。当我们从事自己真正热爱的工作时，更容易进入心流状态。试着找到工作中的兴趣点和个人意义，这样你会发现自己更有动力去专注和投入。

如果你是一名软件开发人员，专注于那些你认为有趣或能带来重大影响的项目；如果你是一名老师，专注于你认为能够启发和改变学生生活的教学方法。找到内在动机，可以让你在工作中找到更多乐趣和成就感。

④ 练习正念和自我觉察

正念练习可以提高专注力和自我觉察能力。尝试在工作前进行短暂的冥想，帮助自己进入更专注的状态。定期进行自我反思，了解何时最容易进入心流，以及哪些因素会促进或阻碍心流的产生。例如，每天早上花几分钟做深呼吸，清空杂念，或者在午休时进行短暂的冥想，恢复精神。通过正念练习，培养对自身状态的敏锐感知能力，更好地调整自己的工作方式。

⑤ 休息与恢复

高效的工作需要适当的休息。确保在紧张的工作之后给自己足够的时间来放松和恢复。短暂的休息可以帮助大脑整理信息，准备下一轮的专注工作。研究表明，每90分钟进行一次短暂的休息，可以显著提高工作效率和专注力。可以尝试在工作间隙进行简单的伸展运动、走出办公室呼吸新鲜空气，或者做一些放松的活动，如听音乐或阅读，帮助大脑从紧张的工作状态中恢复过来。

⑥ 持续学习和挑战自我

不断提升自己的技能和挑战新任务可以促进心流的产生。寻求新的学习机会和工作挑战，以保持工作的新鲜感和挑战性。例如，参加专业培训课程、阅读行业相关书籍、参加行业会议或研讨会，拓展自己的知识面和技能水平。通过设定新的目标和挑战，不断超越自我，保持工作中的激情和动力。

通过实践这些策略，你可以更好地在工作中实现心流状态，从而提高工作效率和职业满意度。心流不仅使工作成为一种享受，也能带来更高的职业成就和实现个人成长。通过不断优化工作方式和环境，你和你的团队将能够在高效、专注的状态下，迎接各种挑战，创造出色的工作成果。

创意人的心流秘密

接下来，我们将会看到历史上伟大的思想家和创造者是如何在心流状态下突破思维的限制，创造出改变世界的作品和理念。从达·芬奇的杰作到现代科技的奇迹，心流与创造力之间的密切联系将会在你面前一一展现。

灵感大爆发的脑科学原理

在心流状态下，个人的注意力、认知能力和情感都集中在当前任务上，从而达到一种精神高度集中的状态。这种状态不仅提高了任务执行的效率，更重要的是，它为创造力的发挥提供了肥沃的土壤。

心流与创造力可以视为一种复杂的互动关系。一方面，心流通过增强专注力，减少干扰，帮助个体更深入地钻研问题，从而激发创新的想法和解决方案。在心流状态下，个体更容易进入一种自由联想的模式，他们的思维不受固定思维路径的限制，可以自由穿梭于不同的思想和概念之间。

另一方面，心流还与个体的情感状态密切相关。在心流状态下，个体通常会经历一种积极的情感体验，这种正面的情绪反馈进一步增强了他们的创造性思维。当他们积极参与热爱的活动时，他们的满意度和幸福感增加，这又反过来激发了他们的创造力。

在探索心流与创造力的密切联系时，达·芬奇的生涯提供了典型例证。达·芬奇不仅是文艺复兴时期的标志性人物，更是历史上最伟大的多面手之一，他在艺术和科学各领域的成就至今仍令世人赞叹，被誉为人类历史上为数不多的全才。

让我们穿越到文艺复兴时期，想象一下达·芬奇在绘制《蒙娜丽莎》时的场景。在他的工作室里，阳光透过窗户洒在画布上。在这一刻，外部世界仿佛消失了，只剩下他和他的画作。他的眼神专注而深邃，完全沉浸在捕捉蒙娜丽莎神秘微笑的挑战中。这不仅仅是一次画作的创作，更是一次深入探索人类情感和表情微妙变化的心理学之旅。在这种心流状态下，达·芬奇的思维超越了常规，他的每一笔都是对美学和人性的深刻洞察。

再来看达·芬奇对人体解剖的研究。在他的时代，这是一项充满争议甚至危险的工作，但他的好奇心和对知识的渴望驱使他深入探究。在解剖室中，达·芬奇完全被他的工作所吸引。他的手稳定而精确地描绘出每一块肌肉、每一根血管。他的心流状态使得每一个观察都精确无比，每一张解剖图都成为医学和艺术的杰作。

达·芬奇在心流状态下的创造力不仅体现在他的艺术作品上，也体现在他的发明和科学研究中。从飞行器的概念设计到战争机械的构想，达·芬奇的想象力和创新思维在心流的推动下突破了时代的限制。他的笔记本中充满了奇思妙想，展现了一个超越时代的天才的心灵世界。

达·芬奇的例子清晰地表明，心流不仅提升了他的专注力和效率，更重要的是激发了他的创造力和想象力。在心流的状态下，他能够自由地探索、连接和创造，无论是在画布上还是在科学领域。他的成就向我们展示了，通过培养心流状态，我们每个人都有潜力去释放自己的创造潜能，成为自己领域的创新者。

心流与创造力之间的关系可以被视为一种相辅相成的动态。心流不仅是实现创造性成果的一种途径，同时也是一种促进个人潜能发展、拓宽思维边界的状态。在维持心流的同时，我们能够在个人和专业领域中促进创新和变革，实现更高的创造力。

心流不仅提升了个人的专注力和效率，还激发了团队的创造力和合作精神。在心流的状态下，团队成员能够更好地沟通、协调和合作，共同解决复杂的问题，实现共同的目标。

通过培养心流状态，我们能够在工作和生活中更好地发挥自己的潜能，释放出无穷的创造力和想象力。心流不仅是一种心理状态，更是一种生活方式，它能够帮助我们在追求梦想的道路上不断前行，创造出令人惊叹的成果。

科学创新者的心流实验手记

传说中，牛顿在苹果从树上落下时，顿时领悟到了地球的引力。虽然这个故事可能是对历史的简化，但它却生动地展示了牛顿在大自然中深入思考的瞬间。在这种心流状态下，他将细致入微的观察和数学原理相结合，提出了革命性的万有引力定律。

回顾历史，你会发现，许多伟大的科学发现和技术革新都是在心流状态的推动下实现的。心流不仅增强了科学家和技术专家面对复杂问题时的注意力，还激发了他们的创新思维和解决问题的能力，从而产生了改变人类历史进程的发明创造。

比如，在第一次工业革命时期，蒸汽机的改进者詹姆斯·瓦特不仅是一位优秀的发明家，更是一位善于深入思考并解决复杂问题的工程师。当时的蒸汽机设计效率低下，能源浪费严重。瓦特通过反复观察和研究当时的蒸汽机，发现了其中的不足之处。

在他的工作室里，瓦特完全沉浸在改进蒸汽机的工作中。他不断进行实验和计算，细心记录每一个数据和现象。在这种全神贯注的心流状态下，他的思维得到了完全的自由，不受传统观念的束缚，探索着全新的解决方案。最终，瓦特引入了单独的冷凝器，这一重大改进极大地提升了蒸汽机的效率和实用性，对第一次工业革命产生了深远的影响。他处于心流状态下的创新思考和不懈努力，不仅解决了一个工程难题，更推动了整个工业社会的进步。

在现代科技领域，心流同样发挥着重要作用。蒂姆·伯纳斯·李发明万维网的经历便是一个杰出的例子。在20世纪90年代初，伯纳斯·李面临着一个巨大的挑战：如何使分散在全球各地的信息能够相互链接、易于访问。他的目标是创建一个全新的信息空间，使任何人都可以从任何地方访问文档并相互链接。

在设计和开发这个宏伟项目的过程中，伯纳斯·李多次进入了一种痴迷的状态。在他的工作室里，墙上挂满了网络原型的图表和设计草图，他的电脑屏幕上充斥着编程代码和网络架构。他完全沉浸在自己的工作中，外部世界仿佛暂时不存在。他的思维自由流动，将复杂的技术问题、编程挑战和他对一个互联且开放的信息网络的愿景融为一体。

通过夜以继日的努力，伯纳斯·李逐步解决了构建万维网所面临的技术难题。他创造了超文本传输协议（HTTP）、超文本标记语言（HTML）以及第一个网页浏览器和服务器。这些创新不仅代表了技术上的飞跃，也奠定了现代互联网的基础。正是他在心流状态下的创新思维和坚持不懈的工作，使得这一革命性的想法得以实现，彻底改变了世界的信息交流和知识获取方式。

伯纳斯·李的故事展示了心流在科技创新中的重要作用。在心流状态下，即使面临复杂和前所未有的挑战，科技创新者也能发挥出最高的智能和创造力，找到突破性的解决方案。这种深度专注和创新的思维方式是推动科学技术进步的关键因素。

从古至今，许多伟大的科学发现和科技创新的背后，都有心流状态的显著影响。只要你愿意，你也有可能成为其中的一员。现在，开启属于你的心流时刻，创造改变世界的奇迹吧！

商业创新的心流时刻

在20世纪初的丹麦，有一位名叫奥勒·柯克·克里斯蒂安森的木匠，正竭力维持他那摇摇欲坠的小型木工作坊。他的妻子因病去世，他需要独自抚养四个儿子长大。面对严峻的经济困难，克里斯蒂安森意识到需要创造一些新的、有吸引力的产品来吸引顾客。他对制作玩具产生了浓厚的兴趣，但早期尝试制作木制玩具并未取得成功。然而，这并没有动摇克里斯蒂安森对创新的执着追求。

一天，在工作室里，克里斯蒂安森灵光一现，开始思考如何制作一种既能教育儿童，又能激发他们创造力的玩具。他反复琢磨，试图设计出一种既实用又有趣的产品。在偶然瞥见地上用剩的木材边角料时，他突然想到了一个点子：为什么不利用这些边角料制作玩具呢？毕竟孩子们的玩具通常不需要太多材料。

就这样，克里斯蒂安森逐渐进入了一种心流状态——他全神贯注于玩具的设计和制作，完全忘记了外界的存在。他的大胆设想在这种状态下得到了充分释放。经过无数次的思考和实验，克里斯蒂安森终于有了一个突破性的想法。他想到了制作一种由多个小木块组成的玩具，这些小木块可以巧妙地拼接和组合。经过精心设计，他创造了一种小巧的木块，每个木块上都有凸起的圆点，可以紧密地与其他木块连接。这就是后来风靡全球的乐高积木的原型。

这种新型玩具迅速吸引了儿童的注意。乐高积木不仅激发了孩子们的想象力和创造力，还让他们在游戏中学习到了空间感知和结构设计的基础知识。随着塑料的发明和普及，乐高积木也从木制转向了更为轻巧耐用的塑料材质，最终发展成一个全球性的品牌，激发了无数孩子和成年人的创造力。

克里斯蒂安森的故事证明了，在心流状态下，深度专注和创造性思考能够克服困境，产生具有革命性的商业想法。通过这种状态，克里斯蒂安森不仅克服了初期的困难和挫败感，还创造出了一个改变玩具行业的产品。

心流状态对商业创意的发展有着深远的影响，它使商业领袖和创新者能够深入洞察市场需求，产生突破性的商业策略和产品。除了乐高的创新故事外，谷歌的诞生也是心流在商业创新中发挥作用的一个极佳例证。

谷歌的创始人拉里·佩奇和谢尔盖·布林在斯坦福大学攻读研究生期间，致力于解决网络搜索的效率问题。在面对日益增长的网页数量和庞大的互联网信息时，他们开始构想一种能够更有效地组织和检索这些信息的新方法，多次进入心流状态。他们的思维在自由流动中不断碰撞，最终形成了一个伟大的想法。

有一天夜里，佩奇做了一个梦，梦中他和朋友讨论是否可以将互联网的内容全部下载下来，只保留链接。这个梦让佩奇开始思考，通过链接为网页排序会极大地优化搜索结果。这个点子促使他和布林共同创建了谷歌，现如今，这家公司已经成为全球最大的搜索引擎之一。

毋庸置疑，在心流状态下，个人能够更好地专注于解决复杂问题，发挥创造力，并将创新想法转化为实际的商业产品和服务。正是这种深度专注和创新思维，使得谷歌从一个大学项目发展成影响世界的科技巨头。

心流使商业领袖和创新者能够超越传统思维的局限，不断探索新的可能性，创造出改变市场和消费者生活的产品和服务。无论是乐高积木还是谷歌搜索引擎，心流在背后发挥着不可或缺的作用。

从克里斯蒂安森到佩奇和布林，心流状态在不同的时代、不同的领域中，都展现了它强大的力量。它不仅能够帮助个人克服困难，激发个人的创造力，还推动了整个社会的进步。未来，心流将继续激励更多的创新者，推动新的科技进步，比如人工智能、机器人技术和清洁能源等。只要你愿意投入，专注于你的热情和梦想，你也有可能成为下一个改变世界的推动者，在心流中点燃你的商业灵感。

普通人日常生活中的创意激发

创造力不仅存在于艺术、科学或商业领域，普通人在日常生活中也可以通过心流体验来增强他们的创造性思考。这种状态帮助人们突破常规思维模式，找到创新的解决方案和新的想法。

通过详细描述两个生动的例子，我们可以更好地理解心流如何在日常生活中体现，带来快乐和满足感。

丽莎是一位热爱生活的家庭主妇，计划组织一场特别的家庭聚会。她不是简单地安排食物和饮料，而是全身心地投入其中，从菜单设计到装饰布置，每一个细节都不放过。

首先，她开始设计菜单。她翻阅了许多食谱书籍和网上的美食博客，寻找灵感。最后，她决定做一道自己一直想尝试的新菜——法式烤鸡配香草土豆。她小心翼翼地选购新鲜的食材，仔细地按照步骤进行烹饪。在厨房里，她完全沉浸在烹饪的过程中，享受着每一个步骤带来的乐趣。香气四溢的烤鸡出炉时，她感到无比的满足和满满成就感。

接下来是装饰布置。丽莎希望创造一种温馨而欢乐的氛围，她亲手制作了很多装饰品。她用五彩的气球和亮丽的彩带装点客厅，还在每张餐桌上放上自己手工制作的小花束。她一边布置一边想着家人和朋友们看到这些装饰时的惊喜表情，内心充满了期待和喜悦。

聚会当天，家人和朋友们如期而至。每个人都被丽莎精心准备的美食和布置所打动，纷纷称赞她的用心。看到大家因为她的努力而露出的笑容，丽莎感到无比快乐和满足。这种心流体验不仅让她在准备过程中找到了乐趣，还通过她的创意和努力让家人和朋友们度过了一个难忘的夜晚。

同样的创造力和心流体验也可以在与家人的互动中找到。

马克是一位年轻的父亲，工作之余最喜欢的就是和孩子们一起度过周末。这一天，马克决定和孩子们一起做手工，他们决定建造一座纸城堡。

马克准备好了所有的材料：彩纸、剪刀、胶水和闪光粉。孩子们围坐在餐桌旁，兴奋地讨论着城堡的样子。马克则开始专心致志地剪裁纸张，每一步都做得非常仔细。他教孩子们如何粘贴纸张，如何装饰城堡的墙壁和塔楼。孩子们在父亲的指导下，也变得异常专注，发挥着他们的想象力。

在这个过程中，马克完全沉浸在创作的乐趣中。他不仅享受着手工制作的过程，还感受到和孩子们在一起的美好时光。城堡一点一点地成形，孩子们兴奋地欢呼，马克也体验到一种难得的成就感。

当城堡最终完成时，孩子们围着它欢呼雀跃，马克看着他们开心的样子，内心充满了满足和喜悦。这不仅是一次简单的手工活动，更是一种心流体验，让他在平凡的日常生活中找到了创造力的快乐。

心流体验可以在日常生活的各个方面——无论是家庭管理、个人爱好还是社交活动中——发挥出巨大的创造潜力。无论是丽莎精心筹备的家庭聚会，还是马克与孩子们一起完成的手工制作，他们在这些普通的日常活动中发现了心流的魅力。通过这些体验，我们不仅丰富了自己的生活，也培养了更强的创造性思维和解决问题的能力，使生活变得更加充实和有意义。这种内在的满足和成就感，不仅让个人的每一天更加美好，也能在潜移默化中为身边的人带来更多积极的影响。

第3章

轻松进入心流：人人都能学会的方法

这一章，我们将深入探索如何在个人层面激活心流。首先，你会学到如何聚焦于自我探索，挖掘内在的潜力，找到打开心流状态的秘密开关；其次，你会掌握如何创造和优化个体环境，将其转变成专属于自己的心流空间；最后，让我们转向心流在日常生活中的实践，探讨如何在每天的小事中找到并培养心流体验。

找到你的心流开关

每个人内心深处都蕴藏着无限的可能性和创造力，等待被发现和释放。通过深入理解我们自己的性格、兴趣、动机，我们不仅能找到通往心流的钥匙，还能更加深刻地认识自己。接下来，让我们一起进入这段全新的探索之旅。

理解自我，匹配最佳开启模式

个性特质、兴趣和动机是通往心流体验的关键。要激发内在的心流潜力，理解这三个核心要素是至关重要的。

个性特质既定义了我们如何与周围世界互动，也决定了我们在面对挑战时的反应方式。比如，拥有强烈好奇心、创造性或坚韧的人，往往能够更好地适应和解决问题。当这些特质与我们的兴趣结合时，会产生强大的驱动力，推动我们不断探索和创新。例如，一个充满好奇心的人在学习新技能时会感到兴奋，而具有创造力的人在解决复杂问题时会表现出色。

兴趣是心流的催化剂。每个人都有不同的爱好和激情所在，当我们投身于这些活动时，注意力和能量会高度集中，从而自然地进入心流状态。无论是音乐、写作还是体育，只要是我们热爱的领域，心流就有可能出现。

动机，尤其是内在动机，是我们追求心流体验的重要驱动力。内在的满足感、成就感或个人成长的渴望，可以促使我们在活动中投入更多精力和热情。动机让我们在面对挑战时不轻言放弃，不断寻找新的解决方案。

我曾经遇到过一位对表演充满热情的年轻人，他梦想成为一名演员。不仅喜欢表演，他还热衷于创作剧本。空闲时，他撰写自己的剧本，投入心力塑造角色和构建故事情节。他的兴趣不仅限于写作，还自己导演和拍摄短视频，并将它们上传到社交媒体。

在创作和拍摄过程中，他常常进入心流状态，忘记时间，全心投入表演和导演工作。通过持续的努力和创意输出，他的短视频逐渐受到关注，吸引了大量粉丝，并且通过这种方式开始赚钱。显然，心流不仅帮助他实现了创作和表演的梦想，还为他带来了事业上的成功。他的经历清晰地展示了个性特质、兴趣和动机是如何激发心流状态的。这些因素的结合，让一个默默无闻的年轻人释放出了巨大的潜能，找到了成功的方向。

通过理解自己的个性特质，发现并追随兴趣，以及培养内在动机，每个人都可以在自己热爱的领域实现心流状态。这种深度的投入不仅提升了个人技能和创造力，还加深了我们对生活的理解和满足感。心流不仅是一种状态，更是一种工具，帮助我们实现个人成长和成功，无论是在职业生涯、艺术创作还是日常爱好中，都能让生活更加丰富多彩。

点燃激情，增添最强催化剂

激情就像内心深处的火焰，当它被点燃时，能照亮前行的道路，驱散工作和生活中的阴霾。在职业生活中，这种激情尤为重要。它不仅推动我们追求卓越，还让我们在日复一日的工作中保持活力和创造性。当我们在工作中找到了激情，就像找到了久违的伙伴，让职业道路不再孤单和乏味。

然而，对于许多人来说，发现能激发内心激情的工作领域需要时间和实践的探索。这过程如同在茫茫大海中寻找属于自己的那片海域。有时，这种激情可能隐藏在日常工作的一个小角落，等待被我们发现。

罗恩的故事就是一个寻找和点燃激情的例子。作为市场营销专员，他原本对日常的工作内容感到乏味和倦怠。然而，一次偶然的机会让他接触到一个全新的项目，这个项目不仅需要他运用现有的营销技能，还要求他探索创新的市场策略。

在这个项目中，罗恩开始尝试新的方法，探索不同的渠道。他像一位在广阔海域中航行的探险家，每一次尝试和挑战都让他的旅程更加精彩。随着工作的深入，他发现自己对创新营销策略越来越感兴趣。工作不再是负担，而是变成了一种探索和创造的乐趣。

当深入研究市场趋势、策划营销活动时，罗恩常常进入心流状态。在这种状态下，他仿佛与世界隔绝，完全沉浸在思考和创意中。他的思维变得更加敏锐，创意源源不断。这不仅帮助项目取得显著成功，也让罗恩在职业生涯中找到了新的方向和活力。

这次经历不仅让罗恩在职业上取得突破，也让他体验到工作带来的深刻满足和快乐。他的故事证明，当我们在工作中找到能激发激情的领域时，不仅能够实现心流，还能在职业道路上迈出更坚定的步伐。

国外一所知名大学的一项研究表明，激情是一种精神特质，能够弥补一个人20%能力上的不足，但缺少激情，一个人只能发挥50%的能力，这是多么可惜的事。

与罗恩类似，拿破仑·希尔，世界上最伟大的励志作家和演讲家之一，也深刻理解并实践了激情的力量。他曾说过："激情是一种意识状态，能够鼓舞和激励一个人对手中的工作采取行动，不仅如此，它还具有感染性，不只对拥有它的人产生重大影响，所有和它有过接触的人也将受到影响。"

希尔不仅这样说，而且充满激情地投入工作中。他非常热爱写作，大部分写作都是在晚上进行。一天晚上，拿破仑·希尔在书房中专心打字，偶尔抬头望向窗外，结果被吓了一跳。他看到了什么呢?

他住在纽约大都会高塔广场的对面，看到最怪异的月亮倒影，反射在大楼上，那是一种银灰色的影子，太奇怪了！希尔起身走到窗前，仔细研究起这个"月亮的影子"。他看了半天，自己笑了起来，原来那根本不是什么月亮的倒影，而是早晨太阳的倒影——天已经亮了！

由于希尔太投入于写作，忽视了时间，一夜过得仿佛一个小时那么快，他完全没有留意到。在这之后，他又继续工作了一天一夜，忘我地投入其中。

拿破仑·希尔向我们展示了什么是激情：激情可以让你彻底投入，可以让你忽略时间，可以让你享受做事的快乐，让心流状态在你身上诞生出神奇的力量。想想你自己，你的激情呢？它们还在吗？你的油箱里还有油吗？

通过理解并点燃内心的激情，我们不仅能够找到工作中的心流，还能在职业道路上焕发新的活力和创造力。激情不仅是驱动力，更是我们成功和幸福的源泉。

设定清晰目标，挑战未知的自己

在成长的道路上，设定目标和挑战自我就像灯塔，引导我们前行。目标不仅是我们前进的动力，更是激发我们内在潜能的关键。

想想看，如果没有明确的目标，你只知道努力，却不知道往哪个方向去努力。你可能会变得迷茫，得过且过，根本无法专注。

多年前，一位年轻人找到我，他是一位刚入行的房地产销售员，想在这个行业里有所发展。我问他："你所说的发展是什么？"他想了想，说："就是卖出很多房子，赚更多佣金。"

我告诉他，这种想法很模糊，充其量只是一个美好的期望。如果真的想在这个行业有所发展，至少应该有个清晰一点的目标，比如一年要赚多少佣金，或者一年要卖出多少套房产？

我的话让他陷入了深思。想了一会儿，他告诉我，他想一年成交20套房产。我说很好，大约每个月能成交两套。这是你的目标，那么你的计划是什么？

他愣了一下，问我："目标不就是计划吗？"我笑着说："目标是目标，计划是实现目标的步骤。"我解释了目标、计划和准备的关系。他终于明白了，并决定好好列个详细的计划。

几天后，他再次找到我，展示了他的计划。计划包括每天联系的客户数量，对专业知识的学习计划，以及挖掘潜在客户的策略。我告诉他："你做得很好，现在只需像对着菜谱做菜一样，按计划去实现你的目标。"

在目标和计划的驱动下，他开始更加专注于提升自己的销售技巧和市场分析能力。他每天早上花时间研究市场动态，分析客户需求，积极沟通，了解他们的需求和顾虑，从而提供更加个性化的服务。

每当他深入分析一套房产的特点，或者与客户沟通时，他发现自己能够完全沉浸其中，外界的干扰似乎都不存在了。他经常进入心流状态，这不仅提升了他的工作效率，还让他在工作中体验到前所未有的乐趣和成就感。

一年后，他激动地打电话给我，告诉我他实现了自己的目标。不仅每月成交两套房产，还多次超额完成销售任务。更重要的是，他在心流状态下的工作体验让他对销售职业有了更深的理解和热爱。

在心流状态中，个人的全部注意力被吸引到实现目标的活动上。这不仅增强了任务的吸引力，还帮助维持高度集中的心理状态。

通过设定适当的目标，我们能达到既不轻松又不过于困难的平衡点，进而引发心流体验。这种平衡如同航海中的船只，既避免陷入平静无风的海域，也避免驶入波涛汹涌的风暴。

当然，设定目标在其他领域也能产生同样的效果。接下来，我想分享艾莉的故事，她是一位热衷于文化和语言学习的青年，通过设定明确的短期和长期目标，实现了自己的梦想。

艾莉一直梦想着学习法语，不仅为了提升语言技能，更为了深入了解法国文化。这个目标对她来说像是遥不可及的灯塔，但她决定将其分解为一系列更小的、可操作的短期目标。

她从基础开始，每天学习新的词汇和短语，完成特定的语法练习。这些短期目标如同她航行中的小航标，帮助她保持方向，并逐渐构建起对法语的理解和运用。

长期目标上，艾莉设定了一年内达到中级水平，能够流利地进行日常对话和阅读简单的法文文献。这个长期目标像遥远的灯塔，引导她不断前进。

慢慢地，艾莉发现每当她沉浸在学习法语中时，她会进入一种非常愉快的状态。她完全忘记了周围环境，全心投入语言学习中。她的进步不仅带给她满足感，还激励她继续追求更高的目标。

通过不断追逐短期和长期目标，艾莉不仅实现了梦想，还在学习过程中体验到了无与伦比的心流状态。她的故事证明了，通过设定目标和挑战自我，我们不仅能够激发心流，还能实现个人成长。

内省与自我对话：提高自我意识

内省和自我对话是我们深入了解自己的强大工具，就像一盏照亮内心的灯，照见我们真实的自我。内省不仅是一个反思的过程，更是一种自我发现的旅程。通过这种深入的自我探索，我们能更清楚地认识到自己的愿望、恐惧和动机，从而在各种活动中更容易找到通往心流的路径。自我对话则是我们与内心深处自我的对话，这可以是心理上的悄悄话，也可以是书面上的自我表达。在自我对话中，我们不仅能够鼓励自己，还能对自己的想法和行为进行质疑，从而在活动中找到更大的动力和方向。

工作了数年的朱迪，是一位优秀的工程师。不过，日复一日的工作让她陷入了职业倦怠。每晚，她都会花时间沉思当天的工作和感受。在这些静谧的夜晚，朱迪的内心戏剧化地展开了。她问自己："我真的满足于现在的工作吗？我渴望的是什么？"这些问题像是打开了通往自我深处的大门，让她开始重新审视自己的职业生涯。

朱迪逐渐意识到，尽管她的工作稳定，但并没有激起她内心的火花。她渴望的是创造性和挑战性更强的工作，尤其是在环境工程领域。她开始与自己进行更深入的对话：“如果我追随自己的热情，会发生什么？”“我害怕改变吗，还是害怕不去尝试？”这些自我对话帮助朱迪理清了思绪，坚定了她寻求改变的决心。

为了实现她的目标，朱迪决定采取具体行动。她报名参加了环境工程的相关课程，利用周末和晚上的时间学习新知识。每当她沉浸在这些课程中，她会发现时间飞逝，完全忘记了疲劳。她意识到，这种状态正是她渴望已久的心流状态。

与此同时，朱迪也开始积极寻找环境工程领域的工作机会。她更新了简历，联系了行业内的朋友，参加了各种专业的网络研讨会和会议。在一次行业会议上，她遇到了一家致力于可持续发展的公司，这家公司正好在招聘环境工程师。

朱迪决定抓住这个机会。她精心准备了面试材料，详细了解公司的项目和理念。在面试过程中，她不仅展示了自己扎实的工程技术，还表达了对环境工程的热情和未来愿景。她的真诚和激情打动了面试官，很快，她收到了录用通知。

在新的工作环境中，朱迪感到焕然一新。每当她深入研究环境问题，尝试新的解决方案时，她发现自己再次进入了心流状态。这种全神贯注不再是勉强的努力，而是源于内心的驱动。她的工作不再是一种负担，而是成了她的热情所在。每天，她都充满了活力和创造力。

在解决实际环境问题的过程中，朱迪不仅运用了自己的专业知识，还不断挑战自己，提出创新的解决方案。她积极参与团队讨论，与同事们分享自己的见解，合作开发新项目。她的工作成果不仅得到了公司的认可，还在业内引起了广泛关注。

朱迪的经历让我们看到，内省和自我对话不仅是提高自我意识的工具，更是引导我们追求内心激情和心流体验的指南。通过这种深层次的自我探索，我们能够更加清晰地认知自己的愿望和动机，从而在生活和工作中找到真正的满足感与成就感。

她的故事启示我们，勇于直面内心、不断挑战自我，能够突破现有的束缚，开启一段充满热情和创造力的旅程。正是这种内在的驱动力，使我们在人生的航程中，找到属于自己的光明方向，实现真正的自我超越。

打造属于你的心流空间

环境深刻塑造着我们的心流体验。接下来，我们将探索如何调节身边的关键环境因素——无论是整理，还是氛围营造，主动打造一个既能助力深度专注，又能点燃灵感火花的空间。每一个微小的环境调整，都可能化作激发心流的高效催化剂。

断舍离，清除干扰的极简法则

你相信吗？我们所处的环境对于能否进入心流这种高度专注和具有创造力的状态至关重要。这不仅关乎物理空间的布局，更涉及一种整理和简化生活方式的深层行动。这种做法被称为“断舍离”，源自日本的生活哲学，意味着通过丢弃不再需要的物品和减少不必要的社交活动，让生活变得更加简单和清晰。

首先，从物理空间开始。一个充满杂物的环境会无形中增加压力和焦虑，妨碍我们进入心流状态。相反，一个整洁、有序的工作或生活空间能减少外界干扰，提供更舒适、专注的环境。比如，保持工作桌面的整洁不仅能提升工作效率，还能帮助我们保持清晰的头脑，更容易沉浸在任务中。

同样重要的是对社交活动进行断舍离。学会优雅地拒绝那些对生活和工作没有积极贡献的社交邀请，可以帮助我们节省时间，专注于真正重要和有意义的活动。选择性的社交方式不仅能提升生活质量，还能为心流体验创造更多时间和空间。

在数字世界中，断舍离同样重要。定期清理电子邮件、整理文件和应用程序，保持电子设备的有序，可以减少数字干扰，帮助我们更快地投入工作。比如，整理和归档电脑桌面上的文件，使我们在使用电脑时更加专注和高效。

凯恩是一位热爱工作的程序员，但在一个混乱无序的环境中工作，他常常感到焦虑和效率低下。每天，他都要在杂乱的桌面上寻找文件，同时处理不断涌入的社交媒体通知和电子邮件。这种持续的混乱和干扰让他难以集中精力，始终无法找到最佳状态。

终于有一天，凯恩决定改变现状，开始实践断舍离。他首先清理了工作环境，仔细审视桌面上的每一件物品，只保留那些对工作真正有用的。过时的文档、不再使用的笔记本和杂乱的数据线都被清理或妥善存放。凯恩还花时间整理电脑桌面，删除不必要的文件和应用程序，使其变得整洁有序。

接着，凯恩开始评估社交生活，决定哪些活动是真正有意义的，哪些只是消耗时间和精力。他学会了拒绝那些对个人成长和工作没有积极影响的社交活动，为编程和个人项目腾出更多时间。

这些改变产生了显著效果。凯恩发现，在一个整洁有序的环境中，他能够更快地进入工作状态。坐在电脑前，他发现自己更容易集中精神，进入深度工作。编程不再是一项充满压力的任务，而是一种令人享受的创造过程。他在代码中找到了节奏和美感，经常沉浸在编程的世界中，完全忘记了时间的流逝。

断舍离不仅为凯恩带来了一个有利于心流产生的物理环境，还帮助他在心理上实现了净化。在一个更加专注和有序的空间里，他发现自己能够更好地思考和解决问题，创造力也得到了空前的激发。这些变化不仅提升了他的工作效率，还让他在个人层面上体验到前所未有的满足和成就感。

凯恩的经历证明，通过简化环境和生活，我们可以消除那些阻碍心流的障碍，为专注和创造力创造空间。这种转变不仅提高了工作效率，还能显著提升整体生活质量。

通过实践断舍离，简化我们生活的每个方面，我们不仅能更容易地进入心流状态，还能找到内心的宁静和平衡。无论是在工作中还是生活中，这种整洁、有序的状态都会让我们更加专注，拥有更多的时间和精力去追求真正重要的目标和梦想。

时间管理：从无法集中到深度工作

在追求心流的旅程中，高效的时间管理不仅能提升工作效率，更能深层地影响着我们能否进入高度专注和富有创造力的状态。有效的时间管理意味着合理规划工作和休息时间，并在日程中为能够激发心流的活动预留特定时段。

时间管理的重要性在于，它帮助我们确保有足够的、不受干扰的时间来专注于深度工作。这就像是在一片繁忙的森林中为自己创造一片静谧的空地，专门用于那些能够激发心流的活动。

例如，一位艺术家可能会选择在一天中最安静的时刻创作。

识别并优先处理最重要的任务对于有效时间管理至关重要。这意味着每天都需要确定哪些任务对达成目标最为关键，并优先完成这些任务。同时，将大型、看似难以完成的项目分解为一系列更小、更具体的任务。这样做不仅让工作看起来更易于处理，也使我们在完成每一小部分时都能获得成就感，从而不断激励自己。

合理安排工作和休息的节奏也很重要。比如，可以采用番茄工作法，即25分钟集中工作，随后休息5分钟。这种方法可以帮助我们在保持专注的同时，也不会过度疲劳。休息时间可以用来进行简短的散步、深呼吸或任何能帮助恢复精力的活动。

我的朋友马克是一位平面设计师，但他和很多人一样，曾深受任务繁重和效率低下的困扰。他的工作台上堆满了待办项目，日程安排看似忙碌却收效甚微。我建议他重视时间管理，并采取行动来改变他的工作方式。

首先，马克用一个简洁明了的日程表来安排每天的工作。他设定了每天上午9点至12点为深度工作时间，这段时间专门留给需要高度创意和专注力的设计任务。在这段时间内，马克将手机设置为勿扰模式，关闭电子邮件通知，并在工作室门上贴上“正在深度工作，请勿打扰”的标签。

其次，为了使每个任务都能有效管理，马克将大项目细分为小任务，并为每个小任务设定明确的截止日期和具体目标。他利用项目管理软件跟踪这些任务的进展，确保能按时完成，并保持整个项目的进度。

这些时间管理策略带来了显著变化。每天早上的深度工作时间使他能够不受外界干扰地集中精力进行创意设计。他发现自己在这段时间里更容易进入心流状态，创作出更有创意和更高质量的设计。由于预留了专注工作的时间，马克在下午处理其他事务时也变得更加高效和有条理。

更重要的是，这种专注的工作方式还为马克带来了心理上的益处。他更加享受工作，感受到每个完成的任务都是一个小小的胜利。下班后，他的身心也变得更轻松。马克的创造力得到了全面发挥，设计工作不再是“客户的百般挑剔”，而是一种乐趣。他的同事们注意到了这些变化，开始效仿他的时间管理方法，整个团队的工作效率和创造力都有了显著提升。

马克的经历证明了，通过深度工作和精心安排的日程，可以将工作提升到一个新的水平，不仅在职业上取得了成功，也在个人层面上找到了满足和快乐。

通过高效的时间管理，我们可以为心流体验创造条件，使工作和生活更加有序、充实。这不仅有助于我们实现目标，还能带来更大的成就感和幸福感。

从紧张到专注：促进心流的心理技巧

作为一名职业演讲家，我经常面对各种演讲和公众亮相的挑战。尽管在这个领域有丰富的经验，但在大型会议或重要活动前，我仍会感到紧张和焦虑。这些情绪障碍曾阻碍我进入最佳演讲状态，所以很久之前，我就开始探索和实践各种心理准备和情绪调节技巧，以克服这些挑战。

在学习和实践心流的过程中，我试着做出了调整，并发现这些方法非常有效。我的准备过程通常从演讲前几天开始。我会找一个安静的地方坐下，进行深呼吸练习，帮助自己平静下来。

这些简单的呼吸练习对我来说意义重大，它们不仅帮助我减轻紧张感，还增强了我的自我意识，使我能够更集中精力思考即将进行的演讲。在这个过程中，我还会练习积极的自我对话，比如对自己说“我准备好了”或“我能做得很好”。这些肯定性的话语为我建立起了自信，减少了对失败的恐惧。

在演讲前的关键时刻，我总是选择一个安静的角落进行最后的准备。我再次进行深呼吸，集中所有的精神，全神贯注于即将进行的演讲。除此之外，我还会进行一些轻度的身体活动，比如伸展手臂和腿部，以放松身体，减轻肌肉的紧张感。

通过这些心理准备和情绪调节技巧，我发现自己在演讲时变得更加自信和专注。我开始更容易地进入心流状态，即使是在大型活动的观众面前演讲，也能保持冷静。这不仅提高了我的演讲质量，也增强了我与观众之间的联系。

这种转变让我意识到，为了实现心流状态，心理准备和情绪调节同样重要。它们帮助我控制内心的波动，使我在重要时刻能够展现最好的自己。这不仅改变了我作为演讲家的表现，也让我在个人发展上获得了宝贵的成长。

的确，心理准备对于激发心流状态具有深远的影响，它不仅能帮助我们调整情绪，还能促进对工作或创造性活动的专注。这个过程涉及建立内在平衡和积极心态，从而使我们的心智得以聚焦，准备迎接即将到来的挑战。

心理准备的一个核心方面是内在平衡的建立。在一个快节奏、多任务的工作环境中，我们的心智常常受到过度刺激，这可能导致压力累积和注意力分散。内在平衡的建立涉及自我觉察的提升，如识别自己的情绪状态、压力源和能量水平。通过冥想、正念或简单的深呼吸练习，我们可以帮助自己从日常的忙碌中抽离出来，达到一种平静和专注的状态。这种状态为心流的产生提供了肥沃的土壤。

积极自我暗示是心理准备的另一个重要组成部分。它涉及用积极、鼓舞人心的话语来影响我们的思维方式。例如，对自己说“我可以做到”或“我对这个任务感到兴奋”，可以帮助我们建立自信和积极的期待。这种积极的心态转变能够显著提高我们的动力和专注度，使我们更容易进入心流状态。

除了心理上的准备，身体的放松也是促进心流的关键因素。身体的紧张和不适可以成为进入心流的障碍。通过进行一些简单的身体伸展、瑜伽动作或轻松的散步，我们可以帮助身体缓解紧张，从而更容易集中注意力。身体的放松与心智的集中是互相促进的，当身体感觉放松和舒适时，心智也更容易达到专注和高效的状态。

将这些心理准备策略结合起来，我们可以为心流的产生创造一个更有利的精神条件。这不仅帮助我们在工作和创作中表现得更好，也让我们在生活中找到更多的平衡与满足。

远离干扰：掌握数字工具，进入心流

在这个数字化时代，技术工具像是我们生活和工作的常青藤，既带来便利和效率，也可能成为分心的源头。学会巧妙地驾驭这些数字工具，将它们从潜在干扰变为助力心流的伙伴，对我们沉浸在专注和创造的海洋中至关重要。

想象一下，你的数字工作环境就像一座精心设计的禅意花园。一切元素都经过精心选择和布置，营造一个宁静有序的空间。就像清理花园中的杂草，保留那些能带来平静的植物一样，我们也需要在电脑上创造一个“心流工作区”，只保留那些必要的应用和文件，激发我们的创造力。

在信息大爆炸的时代，我们的注意力就像被众多信息源争夺的河流。利用“勿扰”模式这样的工具，就像在这条河流上筑起了一道隐形的屏障，阻止无关紧要的信息流入我们的注意力。开启这种模式或使用专注应用程序来封锁社交媒体等数字杂草，有助于保持清晰的头脑和专注的心态，就像在清澈的河流中顺流而下。

有时，我们还需要暂时远离这个充满数字信号的世界，享受一段真实世界的宁静时光。在工作的关键时刻或与家人共享的时光里，完全远离手机和电脑，就像给心灵一个呼吸的空间，让我们的注意力不被屏幕上的光点所绑架。这种“偶尔别离”使我们的精神得以恢复和集中，当我们回到数字世界时，能够以更饱满的状态投入工作和创造。

凯特是一名自由作家，她的工作几乎完全依赖于电脑和网络。每天，她都要花大量时间进行写作、查找资料和与编辑沟通。然而，凯特发现自己频繁受到电子邮件提醒、社交媒体更新和即时消息通知的干扰，导致她的工作效率大幅下降。她发现自己难以长时间专注，无法进入心流状态，写作变得断断续续，灵感也经常中断。

为了重获专注力和提高工作效率，凯特决定对她的数字环境进行全面调整。首先，她整理了电脑上的文件和应用程序，只保留那些与工作相关的，删除了所有与工作无关的应用和游戏。她还在浏览器中设置了多个工作区标签页，每个标签页都专注于不同的写作项目，帮助她在不同任务间快速切换而不被干扰。

接着，凯特利用各种工具和技巧来减少数字干扰。她安装了一个专注模式应用，可以在工作时间自动屏蔽所有社交媒体和非工作相关的网站。她还设置了电子邮件的固定检查时间，每天只在特定的时段查看邮件，而不是随时关注。通过这些工具，她成功地将大部分干扰隔离在外。

为了进一步提升专注力，凯特开始使用“黄金时段法”。她发现自己在早晨的头两个小时最为清醒和高效，于是将这段时间固定用于最需要创意和集中注意力的写作任务。每天早上，她都会在这段时间内关闭所有通知，全神贯注于写作，不做任何其他事情。这个方法帮助她在保持高效工作的同时，也能确保最重要的任务得到优先处理。

凯特还设定了自己的“数字禁食”时间。每天晚上，她会在工作结束后完全远离电子设备，将时间留给家人和朋友，或者阅读纸质书籍。在这些时刻，她享受着远离屏幕的宁静，重新充电，为第二天的工作做好准备。

这些调整带来了显著的变化。凯特发现自己能够更快进入心流状态，写作时的灵感源源不断。她的工作效率明显提高，文章质量也有所提升。她不再感到写作是件痛苦的事情，而是重新找到了创作的乐趣。更重要的是，她在工作和生活之间找到了平衡，感到更加充实和满足。

凯特的经历证明，通过有效地管理我们的数字环境，不仅能提升工作效率，还能改善整体生活质量。主动管理和控制，使我们能够从数字世界的纷扰中抽身，进入更加专注和富有成效的心理状态。

日常生活中的心流修炼

从厨房到会议室，从晨练时光到夜晚的读书时间，修炼心流的机会无处不在。本节我们将探讨如何在日常的小事中找到心流的契机，如何通过简单的活动培养专注力，享受生活的每一刻。

体验简单活动中的心流转化

体验心流不需要从复杂的大任务开始，生活中的一些小事就能成为练习心流的好机会。这些看似平凡的活动，蕴含着巨大的潜力，能帮助我们在日常生活中感受到心流的美妙。

比如，你在一个安静的下午，手捧一本喜欢的书，沉浸在书中的世界里。这个时候，你的注意力完全集中，时间仿佛停止了流动。阅读不仅是一种获取知识的方式，更是进入心流状态的绝佳途径。我认识的一个青少年告诉我，他在宁静的傍晚阅读时，可以完全忘记时间的存在，全心投入故事情节中。这种体验不仅增长了他的知识，也成为他放松的一种方式。

你可能不会想到，散步也能帮助你进入心流状态。在散步时，试着集中注意力在自己的步伐和呼吸上，或者观察周围的风景。这种专注可以帮助你清空思绪，达到类似冥想的效果。我常在午休时出去走走，不去想工作上的烦恼，只是专注于脚步的节奏和身边的自然景色，这让我感到放松和重新充满活力。

还有一次，我在公园散步时，遇到一位老人，他也正在享受散步的乐趣。他告诉我："每天这样走走，看着花草树木，心情特别好。"他的脸上洋溢着宁静与满足，仿佛所有烦恼都在这片绿意盎然中消散了。

烹饪也是一种很好的心流活动。当你专注于切菜、调味和烹调时，每一个步骤都会让你全神贯注。我妻子每次做饭时，都会完全投入其中，享受每一个过程。她说："当我在厨房忙碌时，所有烦恼都被抛到了脑后，我只想着怎么做出一道美味的菜肴。"这种全身心的投入，不仅让她享受了烹饪的乐趣，也让她找到了内心的宁静。

在这些看似普通的活动中，我们学会了如何集中注意力，如何从日常的压力中解脱出来，专注于当下的事情。这种专注和投入，正是心流的核心。通过这些小活动，我们练习进入更深层次的心流状态，为迎接更大的挑战做好准备。

心流不仅在工作中能带来高效和创造力，它也是生活的一部分，体现了我们对生活的热爱和全情参与。通过在日常小事中练习心流，我们学会了如何全心投入当下，体验生活的每一个瞬间。这不仅让我们的生活更加充实和有趣，还提升了我们的幸福感。

构建支持心流的小习惯

我们可以把习惯比作通往心流的小径，这些每天走过的小径引导我们进入更深层次的专注和创造。就像森林中的小路，习惯逐渐引导我们走向心流这个宁静而神秘的湖泊。

日常习惯和心流之间有着复杂而微妙的关系。那些支持专注和效率的习惯为我们提供了结构和节奏，让我们更容易进入心流状态。例如，定时休息、深呼吸练习等习惯，不仅帮助我们缓解压力，还能保持清晰的思维和专注。这些习惯就像心流之湖中的涟漪，悄然引导我们接近心流的核心。

我的一位朋友，佐木先生，是一位充满激情和创造力的日本企业家。他深知习惯的重要性，所以他的日常生活被精心设计的习惯所塑造，每个习惯都像齿轮一样紧密相扣，确保高效运转。

佐木先生的一天从清晨的冥想开始。在安静的书房里，他点燃 支香薰，坐在舒适的椅子上闭上眼睛开始冥想。这30分钟的冥想时间对他来说就像是忙碌一天前的心灵洗澡。在深呼吸的节奏中，佐木先生思考当天的工作计划和目标，让心灵在澄清的思维中得到涤荡。

在工作中，佐木先生喜欢将任务划分成若干小段，每完成一段任务后进行短暂的休息。例如，每完成一小段工作，他会站起来走动一下，喝杯水，或者做几次深呼吸。这不仅能让他的身体得到放松，还能使大脑在短暂的休息后重新焕发活力。

每天晚上，佐木先生有一个固定的习惯——回顾和反思。他在安静的书房里记录当天的成就和遇到的挑战。通过这种方式，他不仅可以庆祝每天的小胜利，还能及时调整策略和计划，以更好地面对未来的挑战。

这些习惯使佐木先生在日常生活和工作中更频繁地进入心流状态。无论是解决复杂的商业问题还是开启创新思维，他都能深度投入，感受到一种深层的满足。他的心流体验不仅成就了事业，也给生活带来了深刻的满足和幸福感。

习惯的力量在于它们的持续性和积累效应。就像水滴石穿，日复一日地坚持这些小习惯，会逐渐形成强大的动力，推动我们朝着更高效和专注的方向前进。比如，每天坚持的冥想练习不仅帮助我们放松，长期来看，也提高了自我意识和集中力，这对于进入心流状态至关重要。

定时休息对于维持高效状态和进入心流体验同样重要。你可以每隔一段时间就让自己从座位上站起来，做一些伸展运动，或者简单地放松一下眼睛和大脑。这些短暂的休息可以帮助大脑恢复，为下一轮高效工作做好准备。

设定专门的专注时间也是一个有效的日常习惯。在这个时间段内，全心投入一项任务中，无论是工作项目还是个人发展活动。例如，每天安排一个无干扰的时间段，专注于最重要的工作任务，这可以显著提高工作效率和创造力。

通过这些简单却强大的习惯，我们可以逐渐培养出心流体验。全心投入当下，体验生活的每一个瞬间，不仅让我们的生活更加充实有趣，还提升了我们的幸福感。

社交中的心流共振

虽然心流看起来像是一个人的心理状态，但它并不总是独自存在。其实，在与他人的互动中，无论是在工作还是家庭活动中，心流的体验也可以实现和分享。这里讲一个关于我在心流经验交流活动中认识的莫莉女士的故事。

莫莉是一家创意公司的项目经理，带领着她的团队在创意思维和项目执行上取得了卓越的成绩。每周的项目会议中，她总是引导团队成员集中讨论，并鼓励每个人贡献自己的想法。在这种环境中，团队成员不仅感到被尊重和重视，还能深入投入讨论中，共同进入一种高度专注的状态。通过集体智慧的激发，他们经常能够迅速解决问题，并创造出创新的解决方案。

莫莉告诉我，实现团队心流的关键在于营造一种开放、互相尊重和支持的氛围。这种环境鼓励每个人深度投入，促使团队成员共享他们的技能和创造力。在团队工作中，明确共同目标，并确保每个人都理解自己的角色和责任，是实现团队心流体验的关键。

这种团队心流体验的力量是惊人的。它可以让一个团队超越其他团队，在企业界、体育界甚至娱乐产业中都是如此。

这不禁让我想起著名的U2乐队，它是世界上最成功的摇滚乐队之一，唱片销量超过一亿张。他们的成功秘诀是什么？在一次采访中，主唱博诺揭示了他们的成功秘诀。

在U2的排练中，每个成员都深深地沉浸在音乐的世界中。他们通过即兴演奏，互相倾听和回应，探索和创造出新的旋律和节奏。在这个过程中，乐队成员不受外界干扰，完全沉浸在音乐创作中。每位成员都能自由地表达自己的音乐风格，而这种自由和信任是他们能够共同达到心流状态的关键。

博诺说，这种状态使得U2能够创作出许多伟大的作品。在心流状态下，他们的创意思维变得更为活跃，能够更自然地流露和交织在一起。乐队成员之间的紧密合作和深层次的理解使得他们的音乐充满强烈的情感表达和独特的风格。

U2的例子展示了共建心流对团队创造力的巨大贡献。他们通过集体的努力和协作，不仅提升了自己作为个体的艺术能力，更将这种能力汇聚成了一种强大的集体创造力。这种创作过程不仅让他们在音乐上取得了巨大的成功，也为世界带来了无数经典和感动。

不仅在团队中，你和你的家人也可以通过积极的家庭互动来实现共建心流的体验。

当一家人准备去露营时，每个人都承担着不同的任务，这种共同努力的活动可以促进家庭成员之间的联系，并共同体验心流的愉悦。有人负责购买食材，确保露营期间有充足的食物和饮料；有人负责搭建帐篷，选择合适的位置并确保帐篷稳固；有人负责烧烤美食的制作，掌控火候和调料，使每一餐都美味可口。在这种情境下，不仅是完成任务本身能带来满足感，家庭成员之间的互动和合作也增强了彼此之间的纽带。每个人的付出和努力都为这次露营体验增添了更多的乐趣和回忆。

无论是在职场团队中，还是在家庭生活中，通过共享目标、相互尊重和积极参与，我们都可以与他人一起体验到心流的神奇力量。这种共享心流体验不仅加深了个人与团队或家庭成员之间的联系，也为我们的工作和生活带来了更多的满足和幸福感。

在分享与讨论过程中进入心流

在现代快节奏的生活中，心流作为一种高效且令人愉悦的状态，越来越受到人们的关注。心流不仅能够提升我们的工作效率和创造力，还能带来深层次的满足感。然而，如何与他人分享和讨论心流经验，进而共同促进这种状态的发生，仍然是一个值得探讨的话题。

与他人分享心流经验，可以让我们在彼此的故事中找到共鸣和灵感。这不仅是一种自我反思的过程，更是一次增进彼此了解和信任的机会。我总结出了一些步骤，帮助你有效地分享和讨论心流经验，从而在个人和团队中更好地体验心流状态。

首先，思考和确定你想分享的心流经验。这可以是一个具体的事件，或者是你在进入心流状态时使用的策略和技巧。回顾这些经验中的关键因素，比如时间、环境、活动类型等。详细的准备不仅能使你的分享更有条理，也能帮助其他人更好地理解和借鉴。

其次，选择一个合适的时间和场合进行分享非常重要。确保参与者都能专心聆听和参与讨论。如果是在团队环境中，可以安排一个专门的会议或工作坊来进行这种分享。这样的安排不仅能确保大家的注意力集中，还能创造一个开放的氛围。

在分享过程中，尽量以清晰和诚实的方式表达你的心流经验，包括它是如何发生的，以及你从中学到了什么。分享心流体验带给你的感受和收获，这样可以帮助其他人更好地理解和产生共鸣。你的真诚和开放将会感染到其他参与者，鼓励他们也分享自己的心流故事。

鼓励他人分享和讨论是整个过程中至关重要的一步。提出开放式的问题，鼓励其他人分享他们自己的心流经验或对你分享内容的看法。参与分享和讨论的每个人，应该对他人的分享保持开放和接受的态度。这样的互动不仅能丰富讨论的内容，还能增强团队的凝聚力。

在分享和讨论的基础上，大家可以一起探讨如何将这些心流经验应用到个人生活或工作中。探索在不同环境和情境下实现心流的策略，可以帮助每个人找到适合自己的方法，提升整体的生活质量和工作效率。集体的智慧和经验将为每个参与者提供宝贵的参考和支持。

基于讨论的结果，制订个人或团队的行动计划，以促进未来更频繁地进入心流状态。这些计划可以包括改变工作习惯、调整工作环境或尝试新的个人发展活动。具体的行动计划能够确保讨论的成果得以落实，并持续产生积极的影响。

心流体验的分享和讨论不应止于一次交流。为了长期的成长和改进，保持对心流体验的持续关注和反思非常重要。在日后的交流中，持续分享和讨论心流体验，能够帮助大家不断优化和提升自身的状态。通过这种持续的沟通和反馈，我们可以不断积累经验，提升个人和团队的整体表现。

通过这些步骤，与他人进行心流经验的分享和讨论不仅能够促进个人的成长和发展，还能增强团队协作和集体智慧。这是一种相互学习和启发的过程，对于实现更高的工作效率和生活质量都具有重要意义。心流的魔力在于它不仅仅是一种个人的内在体验，更是一种可以通过分享和讨论共同实现的美好状态。

挑战新领域：跨领域心流迁移

回顾历史，探索新领域和接受挑战一直是人类进步和成长的不二法门。我们只有勇敢地跨出舒适区，尝试前所未有的事物，才能开启通往自我发现的新篇章。这些新的尝试和挑战不仅激发了我们的好奇心和创造力，还增强了我们的适应性和学习能力。

勇于探索的心态是在新领域取得成功的关键。面对未知，我们可能会感到焦虑和恐惧，但这恰恰是成长的源泉。在尝试新的活动时，我们需要适应不熟悉的环境并学习全新的技能。这个过程中，可能会遇到困难和挑战，但正是这些困难和挑战促使我们努力克服，进而进入心流状态。

杰森的摄影之旅是一个生动的例子。作为一名职业销售人员，他的工作世界总是围绕着客户，每天都在打无数的电话。自从他开始探索摄影的世界之后，杰森发现了不同的创造力和美学感受。他学习如何捕捉光影，如何在画面中讲述故事，杰森在摄影中找到了全新的激情。每次拿起相机，他都感觉自己进入了一个不同的世界，一个允许他自由探索和创造的世界。

杰森回忆起第一次拍摄日出的经历时，脸上总是洋溢着幸福的微笑。那天，他起了个大早，背着相机来到海边。清晨的空气中带着一丝凉意，天空渐渐泛起鱼肚白，他耐心等待着太阳从海平面升起的那一刻。随着光线的变化，他的镜头也在不停地调整，捕捉着每一束光线的奇妙变化。当最终定格出一张完美的日出照片时，杰森体验到前所未有的满足感和成就感。这个过程不仅让他学会了摄影技巧，更重要的是，他在这一刻进入了心流状态，忘却了时间的流逝。

挑战新领域不仅拓宽了我们的视野，还提升了我们的适应性和创造力。在这些新的探索中，我们发现了新的兴趣和激情，这些新体验为我们的生活带来了全新的色彩和活力。学习新技能和探索新知识的过程本身就是一种心理和认知能力的锻炼，帮助我们提升个人的综合素质。

玛丽的舞蹈探索展示了踏出舒适区的另一种可能性。作为一个数据分析师，她的工作严谨而有序，但并没有太多的激情。然而，当她开始尝试街舞时，她发现了一种全新的身体语言和表达方式。舞蹈给予她的不仅仅是身体上的运动和协调，更是一种心灵上的释放和表达。每次随着音乐舞动，玛丽都仿佛走进了一个更加自由和富有活力的世界，而这种情绪的变化也回馈到她的工作中，她逐渐恢复了工作的热情，并变得高效起来。

玛丽还记得第一次上街舞课的情景。当时，她既兴奋又紧张，害怕自己跟不上节奏。然而，随着音乐响起，她发现自己不再关注他人的眼光，而是沉浸在每一个舞步中。随着一次次练习，她的动作越来越流畅，自信心也不断增强。每次跳舞后，玛丽都感受到一种前所未有的轻松和快乐，这种感觉甚至在她回到办公室后仍然延续。她发现，自己在处理数据和报表时变得更加专注和高效，因为她学会了如何在工作和生活中找到平衡和乐趣。

通过这些活动，我们不仅在新领域找到了兴趣和激情，还学会了如何在不同的环境中保持专注和高效。这些新的挑战丰富了我们的生活，带给我们新的视角和体验。持续地探索、学习和尝试，是我们个人成长和心流体验的重要组成部分。

在这个不断变化的世界中，接受新的挑战，探索未知领域，不仅让我们的生活更加多姿多彩，也使我们在追求心流的旅程上更加坚定和自信。通过勇敢地跨出舒适区，我们能够发现更广阔的天地，体验到更多的心流时刻，进而提升我们整体的生活质量和幸福感。

心流促进身心健康

长期以来，我的生活一直被繁重的工作和不间断的培训所填满。这种忙碌的生活方式使我经常感到身心俱疲，各项身体指标也亮起了“红灯”。然而，一次偶然的尝试彻底改变了我的生活。

那是一个忙碌周末的下午，忙完手头上的工作后，我感到头昏脑胀，难受的程度几乎达到了极限。出于对健康的担忧和渴望改变当前状态的动机，我决定尝试慢跑，希望通过这种方式缓解我的压力和疲劳。不得不承认，最初的尝试并不容易。久违的体育锻炼让我感到身体上的不适，而长期的工作习惯也让我难以在跑步时放松思绪。

渐渐地，我开始逐渐感受到跑步的真正魅力。当我在公园的小路上跑步时，我开始专注于我的呼吸和脚步。每一步落下时，我感觉自己渐渐从日常生活的纷扰中解脱出来，进入一种前所未有的松弛状态。在这种状态下，我的头脑变得清晰，心灵变得宁静。跑步不仅成为我锻炼身体的方式，更成为一种净化精神的方式。

通过坚持慢跑，我不仅增强了自己的身体素质，还发现了管理压力和恢复精力的有效方法。我开始将跑步作为我的日常习惯，每次跑步都是一次与自己对话的机会，一次心灵的旅行。这种简单的身体活动帮助我在繁忙的生活和工作中找到了平衡，也让我变得更加有活力和创造力。

我清楚地记得一个清晨，太阳刚刚升起，空气中还带着一丝凉意。我穿上跑鞋，走出家门，开始慢跑。随着脚步的节奏，我的思绪也开始流动。突然间，我感受到了一种无与伦比的平静，所有的压力和烦恼似乎都被甩在了身后。那一刻，我完全沉浸在跑步的节奏中，仿佛进入了另一个世界。我的呼吸与脚步完美同步，时间似乎也变得不再重要。

这段经历让我明白了心流对于身心健康的重要性。跑步为我打开了一扇门，让我进入了一个更加平衡和健康的生活状态。现在，我不仅在工作中，也在跑道上体验到心流的力量，这成为我生活中不可或缺的一部分。

运动是实现心流的一种有效方式。无论是跑步、瑜伽、游泳还是其他任何形式的运动，当我们全身心投入时，都可能体验到心流。这种运动中的心流不仅能增强我们的体能，还能改善我们的精神状态，使我们更有活力和积极性。

当我们全神贯注于某项活动时，无论是体育运动还是正念练习，我们的心理和生理都会得到积极的反馈。在心流状态下，我们的注意力集中，负面情绪减少，心率和血压也会有所下降，从而减轻压力和焦虑。实现心流的过程可以带来身心的和谐统一，促进我们身体的整体健康。

举个例子，我的朋友凯西也通过瑜伽找到了她的心流体验。凯西是一位全职妈妈，日常生活充满了各种琐碎事务，她常常感到焦虑和疲惫。一次偶然的机会，她参加了一个瑜伽班，从那之后便深深地爱上了这项运动。每当她站在瑜伽垫上，开始一系列的姿势练习时，她便能感受到一种前所未有的平静和专注。她说，瑜伽不仅让她的身体变得更加强壮灵活，更让她的内心找到了久违的宁静。每次瑜伽课结束后，她都感觉整个人焕然一新，充满了能量。

通过这些例子可以看出，运动中的心流体验不仅能提升我们的体能、改善健康状况，还能为我们的心理带来深远的积极影响。这种身心的和谐统一，不仅让我们在面对日常生活的挑战时更加从容，也让我们在追求健康和幸福的道路上更加坚定和自信。运动和心流结合起来，真正实现了身心的全面发展，为我们的生活增添了无限的美好和可能性。

通过正念练习快速进入状态

快节奏的现代生活中，保持内心的平静和专注变得尤为重要。正念练习是一种有效的方法，通过专注于呼吸和当下的体验，我们可以让心灵从日常的纷扰中解脱出来，达到一种平和与集中的状态。这种内在的专注和平静正是心流的核心特征，对我们的心理健康有着显著的积极影响。下面，我将详细介绍如何进行正念练习，让你也能在繁忙的生活中找到心灵的宁静。

① 找一个安静的地方

首先，选择一个安静、不被打扰的地方进行练习。这个地方可以是你家的一个角落、办公室的一角，或者任何你觉得舒适和放松的地方。安静的环境有助于你更好地集中注意力，避免外界干扰。

② 选择舒适的姿势

接下来，选择一个舒适的姿势进行练习。你可以坐着、躺着或者站着。关键是要让自己感到舒适和稳定。如果选择坐着，保持背部挺直但不僵硬，让身体放松但又不过于松懈。舒适的姿势能帮助你更好地进入正念状态。

③ 集中注意力

闭上眼睛，开始关注你的呼吸。感受每一次呼吸的进出，注意你的肚子或胸部的起伏，或者感受空气通过鼻孔的感觉。这时候，你不需要刻意改变呼吸的节奏，只需自然地呼吸，并专注于这个过程。呼吸是正念练习的核心，通过专注于呼吸，你可以让思绪逐渐平静下来。

④ 观察你的思绪

在练习过程中，你可能会发现自己的思维开始游走，这是非常正常的现象。当你意识到这一点时，不要感到沮丧或焦虑。关键是要温柔地将注意力重新引回到呼吸上。这个过程不仅仅是对注意力的训练，更是对自我觉察能力的提升。

⑤ 不要评判

在观察自己思绪的过程中，尽量不要对自己的思绪进行评判或反应。正念练习的目的是觉察，而不是评判。无论你的思维何去何从，试着以一种温柔且不带批判的态度看待它们，然后再将注意力带回到当下。这种不评判的态度可以帮助你减少焦虑和压力。

⑥ 持续练习

正念练习不需要一开始就花很长时间。你可以从每天几分钟开始，逐渐增加练习的时间。即使是短时间的正念练习，也可以带来显著的益处。关键是要持续地练习，通过不断地训练，让自己逐渐适应和喜欢这种状态。

⑦ 结束练习

在练习结束时，慢慢睁开眼睛，花一些时间静静地坐着。在起身之前，感受你的身体，注意你的心情，并感谢自己花时间进行这个练习。这不仅有助于你更好地过渡到日常活动中，还能让你更深刻地体会到正念练习带来的平静和放松。

正念练习并不复杂，其核心在于通过专注于当下的体验，提高我们的觉察能力。随着时间的积累，这种练习可以帮助我们提高专注力，减少焦虑，提升整体的心流体验。无论你是初学者还是有一定经验的练习者，通过持续的正念练习，你都可以在忙碌的生活中找到内心的宁静和平衡。这种内在的平和不仅能提升我们的心理健康，还能让我们在面对各种挑战时更加从容和自信。

心

流

力

第 4 章

心流生活指南：解决实际问题

我们专注于探索心流理论在实际生活中的应用，通过心流的原则和实践技巧来提升我们的生活质量，同时解决一些常见的心理和行为问题。在本章，你将了解如何利用心流状态来驱散日益增长的压力和焦虑，探索心流如何成为克服拖延的强大工具，以及如何借助心流状态提升我们的专注力。

压力与焦虑的心流疗法

压力与焦虑，常伴随职场挑战与生活琐事而来。此时，心流——深度专注的巅峰状态，便是我们的能量转化器。它让我们重新定义压力，将其转化为推动高效产出的澎湃动力。

心流与情绪调节

在心流状态中，我们不仅能够提升工作效率，还能达到情绪的平衡和内心的平静。当我们沉浸于某项活动时，我们的大脑进入独特的心流状态，这使我们暂时忘却了周遭的纷扰和内心的忧虑。

心流状态不仅帮助我们从日常的烦恼中解脱出来，还使我们体验到一种难得的心理宁静和满足感。心流体验能够显著降低焦虑和压力水平，同时促进积极情绪的产生，如幸福感、兴奋感和成就感。

为了更有效地运用心流进行情绪调节，我们必须首先深入理解情绪的本质。情绪不是我们对事件的简单反应，而是一个复杂的过程，涉及我们的心理、生理和行为等多个层面。

情绪的起点通常是我们对特定事件或体验的认知评价。这意味着我们的思维方式、信念和观点直接影响我们感受到的情绪。例如，如果我们将工作中的挑战视为个人成长的机会，我们可能会感到激励和兴奋。相反，如果我们将同样的挑战视为负担或威胁，我们可能会感到焦虑和压力。因此，改变我们对情境的看法和理解可以显著影响我们的情绪反应。

情绪还伴随着明显的生理反应。例如，当我们感到紧张或焦虑时，我们的心跳加速，肌肉紧张，呼吸加快。积极的情绪，如快乐或兴奋，也有其独特的生理标志，如放松的肌肉和平稳的呼吸。通过觉察这些生理信号，我们可以更好地理解自己的情绪状态，并使用深呼吸等放松技巧来调节负面情绪。

我们的情绪不仅影响我们的内心世界，也影响我们的行为。积极的情绪可以激励我们采取行动，如追求我们的目标或避开威胁。而消极的情绪则可能导致不符合常理的行为，不仅对个人生活和事业造成负面影响，还会为人际关系带来挑战。

举个例子，你在职场中因为愤怒或受挫而决定辞职，这可能是在强烈情绪的驱动下做出的冲动决策。记得有一次，我的一个朋友凯文因为工作上的一次失误被老板批评，感到非常愤怒，他冲动地递交了辞职信，想要逃离那个让他感到屈辱的环境。几天后，冷静下来的凯文开始反思，发现自己当时的决定过于草率。事实上，他热爱那份工作，离职会对他的职业发展带来负面影响。最终，他决定和老板进行一次真诚的交流，再聊一聊自己的工作态度和未来规划，这不仅让他保住了工作，还让他获得了老板的理解和支持。

同样，在人际关系中，情绪的影响也很大。例如，你在愤怒情绪的驱使下对朋友说了伤人的话，这可能会损害你们的关系。记得有一次，我和我的朋友艾米因为一些琐事发生了争执。当时，我被愤怒冲昏了头脑，对她说了一些伤人的话。事后，我意识到自己说的话太过分了，便主动向她道歉，并解释了当时的情绪状态。艾米虽然一开始有些生气，但也理解了我的感受，我们最终重归于好。换个角度想，我们如果在争执中能控制住情绪，用平和的语气沟通，结果会更好。

情绪调节是我们每个人都需要掌握的技能。通过情绪调节，我们可以管理和调整自己的情绪反应，以适应不同的情境并维护心理健康。良好的情绪调节技能包括识别和理解自己的情绪，以及使用适当的策略来处理这些情绪。例如，在感到压力时，我们可以选择进行一段心流活动，如绘画或瑜伽，将注意力从压力源上转移开，让自己沉浸于当下，从而达到情绪的平衡和稳定。

心流不仅提升我们在特定活动中的表现，也是我们情绪调节工具箱中的重要工具。通过深入理解我们自身的内在情绪特点，并将心流应用于日常生活中，我们可以更有效地调节自己的情绪，面对挑战时保持冷静和清晰，从而提高我们的整体心理健康和生活质量。

正如我们可以从凯文和艾米的故事中看到的，情绪的管理和调节对我们的日常生活有着深远的影响。通过不断练习，我们可以在各种情境下保持内心的平静和情绪的平衡，从而在生活的各个方面表现得更好。

心流与压力释放

如果你正面临较高的工作压力，你应该注意到，长期的高压环境和不断的挑战往往会导致严重的压力情绪。这种压力不仅影响你的工作效率和职业满意度，还会对你的整体成长和身心健康造成深远的危害。

在高压力的工作环境下，你往往难以发挥出自己的最佳工作水平，更糟糕的是，这可能会影响到你的职业发展和晋升机会。过大的压力可能导致创造力下降、决策能力减弱和工作效率降低，阻碍个人的职业成长和发展。

与此同时，压力情绪会消耗大量的精神能量，使你难以集中精力于个人成长和发展。在持续的压力下，人们可能会失去学习新技能、探索新兴趣或进行自我反思的动力和时间。当然，长期的压力情绪可能导致一系列心理健康问题，如焦虑、抑郁、情绪波动和感觉疲惫。这些情绪问题会影响个人的心理稳定性，减少幸福感和生活满足度，甚至可能导致更严重的心理疾病。

如何面对挑战，并摆脱压力的束缚呢？其实我们可以借助心流的力量，来帮助自己排解压力，唤醒积极的情绪。这并不难做到，让我给你讲个发生在身边的案例。

刘先生是一位大型通信公司的IT项目经理，负责管理多个同时进行的大型项目。随着项目的推进，刘先生开始感到“压力山大”。每天的工作似乎是无穷无尽的，这使得他经常感到心力交瘁。然而，在参加了我的心流经验分享课后，刘先生开始实践将心流融入工作中的技巧。

他首先尝试将工作细分为一系列小任务，并为每个任务设定专注时间。在这些专注时间内，刘先生完全沉浸于单一的任务中，无视邮箱中不断增长的未读邮件数量和杂乱的会议安排。这种专注不仅显著提高了他的工作效率，也使他在完成每项任务后获得成就感和满足感。

有一次，我见到刘先生时，他脸上带着一丝久违的轻松笑容。他兴奋地告诉我，在那一周里，他把每个大项目拆分成几个小任务。每个任务只需要一小时的专注时间，这让他能够全神贯注地完成每一个小目标。这样一来，未读邮件和会议请求似乎都消失了。他说，每次完成一个任务后，他都有一种成就感和解脱感，仿佛重重压力一下子变得轻如鸿毛。

当然，工作中的调整并不能完全消除他的压力。我建议他在下班后尝试一些兴趣活动来转移压力。他问我能否通过打游戏来放松，我告诉他，这可能不是最好的选择。尽管游戏的确能让人进入心流状态，但它也容易让人上瘾，对身心健康有很多副作用。我推荐他寻找一些更有益身心的活动。

刘先生听从了我的建议，决定尝试将射箭作为放松的方式。起初，他对这项运动并不熟悉，但很快便爱上了射箭。在每次射箭的过程中，他必须完全集中注意力，调整呼吸和姿势，以确保箭矢准确地射向目标。这种专注不仅帮助他将注意力从工作压力中转移开，而且每次射中靶心时，他都有巨大的成就感。

我记得有一次，刘先生绘声绘色地描述了他的射箭体验。他说，在一个阳光明媚的下午，他来到射箭场，拿起弓箭时，感觉自己进入了另一个世界。每次拉弓的动作都需要极大的集中力，仿佛所有的烦恼都随着箭矢飞向了靶心。当他看到箭矢稳稳地命中靶心时，那种喜悦和满足感无法用言语形容。

射箭的练习不仅帮助刘先生释放了工作中累积的压力，也使他体会到了心流的力量。每一次拉弓放箭的动作都需要精准控制，这要求他达到一种身心合一的状态。通过持续的练习，射箭逐渐改善了他的身体素质，增强了他的专注力和身体协调能力。

这项体育活动不仅让刘先生锻炼了身体，更重要的是，在这个过程中，他重新发现了对生活的热爱和对未来的乐观态度。他告诉我，射箭已成为他生活中不可或缺的一部分，帮助他以更积极和健康的方式应对生活中的挑战。

通过这些调整和新尝试，刘先生不仅在工作中找到了平衡，也在生活中发现了新的乐趣。他的故事告诉我们，面对高压和挑战时，心流可以成为强有力的工具，帮助我们找到内心的平静和快乐。

把压力变成动力的心流魔法

谁也不希望生活在压力之下，但在生活和工作中，压力总是不可避免。不过，好消息是，我们可以试着去转化它，把压力变成我们成长的动力。如何实现这一点呢?

其实很简单，因为让你产生压力的问题，它们往往都有答案，只是你暂时没有想到而已。压力就像一个装满水的气球，你只需要找到一根针，捅破它，让水流出来，它就不会再成为你的负担。而寻找答案的过程就是那根针。

让我给你讲一个真实的故事，关于我的朋友苏芮。

苏芮是一位上市公司的中层管理者，她的工作充满了挑战。

每天等待她的不仅仅是繁重的工作，还有一系列棘手的问题。这些问题和压力就像一张巨大的网，让苏芮感到极度的焦虑和不安，仿佛自己正在茫茫大海中挣扎。

有一次，公司突然决定在短时间内推出一款新产品，苏芮负责这个项目的全面推进。面对紧迫的时间表和高层的期望，她感到“压力山大”。每一天她都要处理无数的会议、协调各个部门的工作进度，还要应对突发的问题。她的生活就像一部高速运转的机器，稍有松懈就可能会出错。

但是，苏芮没有选择放弃。她知道，只有自己能够拯救自己。在经历了一段时间的心流与个人成长课程的学习后，她开始尝试用心流的方式来解决这些问题。每当遇到一个难题，无论是工作上还是生活中，她不再直接寻求答案，而是开始问自己：“这个问题背后的真正原因是什么？”“有哪些可能的解决方案？”“如何实施这些解决方案？”

有一天，苏芮在开完一个特别令人沮丧的会议后，决定静下心来思考。她坐在办公室里，关掉了手机，开始列出所有让她感到压力的事情。然后，她逐一分析每个问题的根本原因。她发现，许多问题其实并不像表面看起来那么复杂，只要分步骤去解决，每个问题都能找到办法。

比如，有一次她的团队在新产品的技术开发上遇到了重大瓶颈。大家都在抱怨开发工具不好用，导致进度严重滞后。苏芮没有急着责怪团队，而是深挖问题的根源。她发现，真正的问题在于团队成员对新工具不熟悉，培训不到位。于是，她立刻安排了一次专项培训，并请来了开发工具的专家进行指导。问题迎刃而解，团队的士气也大大提升。

在这种“自问自答”的过程中，苏芮逐渐进入了心流状态。她完全沉浸在分析问题和寻找解决方案的过程中，周围的世界似乎暂时消失了。时间仿佛静止，只剩下她和眼前的问题。在这种高度专注的状态下，她为问题找到了多种答案，并总是能从中选择出最优的那个。慢慢地，苏芮发现自己思考问题的深度和全面性都有了显著提升。

苏芮不仅在工作中找到了突破口，也在生活中学会了如何运用心流来减压。她开始每天抽出时间进行冥想和读书，这些活动帮助她更好地平衡工作和生活，保持内心的平静。

有一次，我和苏芮一起吃午饭，她跟我分享了她的新发现。她说：“现在我每天都会留出半小时来阅读。无论是关于心流的书籍还是一些励志故事，这都让我感到特别充实和放松。这样一来，工作上的压力似乎也没那么可怕了。”

通过心流，苏芮学会了如何在压力中找到突破口。她不再被问题所困扰，而是能够找到成长和进步的机会。这对苏芮来说是一种巨大的转变，压力已经变成了一种动力，因为她发现，自己越是能够很好地解决问题，自己的价值就会越高。

苏芮的经历或许能带给你一些启发。在面对压力时，通过转变思维方式和寻找心流状态，我们可以发现自己潜在的力量，变得更加满足并有能力应对生活中的挑战。

我认识许多企业家，他们都有一个共同的特点，那就是不惧怕压力。在成功者看来，压力和挑战虽然充满不确定性，但它们如同成长的阶梯，每跨越一层，事业就会更上一层楼。与之相反，如果没有压力和挑战，那么你通常也只能是原地不动。

所以，你应该用一个好的心态去看待那些压力和挑战。它们或许正在折磨你，也或许躲在暗处，等待在未来某一天跳出来拦住你。但你不要畏惧，也不要嫌麻烦，把你遇到的每个问题都当作是通往成功之路上的考验，当作是成长的机会。

当我们将面临的挑战视为成长的机会时，我们的行动和反应就会发生变化。我们不再逃避或抱怨，而是积极地通过提问题、找答案的方式去激发心流状态。只有经历这个过程，我们才能更好地发现自己真实的潜能，找到真正的自己。

缓解焦虑的心流技巧

从心理学上讲，焦虑情绪的心理根源可能包括对未来的不确定、对过去的遗憾或未处理的心理创伤。个体的思维方式、生活环境和压力也可能导致焦虑。你是否也经常感到焦虑?

焦虑很正常，我们不用为此感到难为情。今天的时代是一个充满变化的时代，每个人都面临职场上的竞争、外界的压力，以及生活和家庭的各种问题，这些都会导致焦虑情绪的产生。我认识的大多数人都被焦虑情绪折磨过，甚至有的人现在还活在焦虑的情绪中。

但显而易见的是，焦虑是一种不健康的情绪，它会危害到我们的身心健康，并且削弱我们对工作和生活的积极性。更为糟糕的是，如果长期焦虑，我们更有可能走向抑郁。

了解焦虑产生的根源，才能更好地战胜焦虑情绪。一般来说，工作和生活中产生的焦虑，往往源于我们对时间和任务的管理方式，对人际关系的处理方式，以及我们面对挑战的心态。当然，你不必为此担心。因为通过细微而有效的日常习惯改变，我们可以逐步构建一种更健康、更专注的生活方式，从而在工作和生活中实现心流状态，减少焦虑。

因为工作压力而产生的焦虑，往往可以通过养成时间管理的习惯来改善。比如我的朋友小梅，她是一位忙碌的市场营销专员，面对繁重的工作和紧迫的截止日期，小梅经常感到“压力山大”，并陷入焦虑的情绪中。但当她开始养成时间管理的习惯后，一切开始发生变化。

她制订了一个清晰的日程计划，将大任务分解成一个个具体的小步骤，并为这些小步骤设定了时间节点。小梅完全按照计划执行，这种程序化的工作方式让她无需多想，工作变得轻松又高效，焦虑感逐渐被专注的心流状态所取代。

除了养成时间管理的习惯，我还经常建议很多人从小事做起。比如你是一位学生，这个周末你可能有很多学习任务要完成，这让你手足无措，产生一种非常焦虑的情绪，甚至感到崩溃。

别着急，你可以给自己制订一个计划，帮助你来规划这个周末的时间。但在此期间，我建议你先从容易完成的小事做起，然后是稍微花点时间的事项，把最花时间的任务放在最后。

这样做的好处是，你总是能够很快先完成其中的几项工作，这会让你的潜意识产生一定的成就感和满足感，对于减轻焦虑很有效果。当然，这个习惯同样适用于多任务或多步骤的工作。

你还可以培养另一个释放焦虑的好习惯，就是深呼吸练习。简单的深呼吸练习可以在短时间内减轻紧张感，提高专注力。每天早上花几分钟进行冥想或正念练习，可以帮助我们清晰地设定一天的目标和优先事项，以更平和的心态面对即将到来的挑战。

而且当你突然间压力很大的时候，深呼吸也很有效。比如，我的一位朋友李女士曾经告诉我，有时候她的孩子犯了错误，让她几乎要大发雷霆时，她会选择压着火气到一个安静的角落里，深呼吸几分钟。在这个过程中，她明显地感觉到自己的情绪逐渐恢复了平静，可以和孩子耐心地沟通问题了。

你看，这就是深呼吸的好处。它可以帮助我们对抗压力和焦虑，让身心放松，思维集中在解决问题上，而不是被问题所带来的负面情绪所淹没。

再讲一个我的朋友小张的故事吧。小张是一位年轻的品牌店店长，刚开始工作时，面对繁重的任务和严格的业绩考核，他经常感到焦虑不安。每天早上起床时，他的心脏就开始狂跳，仿佛要迎接一场战争。因为焦虑，他的工作效率很低，总是拖延，甚至影响了他的睡眠和健康。

后来，我建议他每天早上花几分钟进行深呼吸练习，并在每天下班后抽出一点时间进行轻松的运动，比如散步或跑步。小张开始按照我的建议做，每天早上他会在阳台上静坐，闭上眼睛，深深地吸气，然后慢慢地呼气。这个简单的练习让他开始感到一种前所未有的平静和放松。

每天傍晚，他也会去公园散步，听着喜欢的音乐，让自己的思绪随风飘散。渐渐地，小张发现自己不再那么紧张和焦虑了。他开始能够更专注地处理工作，效率也大大提高。

通过这些细微的日常习惯改变，小张的生活和工作都得到了显著改善。他告诉我："以前我总是觉得时间不够用，总是被焦虑压得喘不过气来。现在我学会了如何管理自己的情绪，让自己更轻松地应对各种挑战。”

你发现了吗？日常习惯的微小改变对减轻焦虑、提高生活质量很有帮助。这些习惯不仅改善了人们的心理状态，还提升了他们的工作表现。日常习惯的改变，就像是在心灵的花园中种下了平静和专注的种子，随着时间的流逝，这些种子逐渐成长，变成了缓解焦虑、提升生活质量的强大力量。

所以，不妨从今天开始，尝试改变一些日常习惯吧。你会发现，原来生活可以如此美好和充实。

战胜拖延的心流策略

拖延，这个顽固的“时间窃贼”，不仅蚕食效率，更侵蚀内心的秩序感与生活品质。不过，好消息是，通过理解和应用心流的一些原则，我们可以找到有效对抗拖延的策略。如果你被拖延束缚，赶紧试试吧！

拖延背后的心理真相

在这个世界上，拖延是人们最常见的习惯，它几乎发生在各个层面中，比如以下这些情况，你可能并不会感到陌生。

你决定开始健身，但总是找理由推迟，比如天气不好、太忙或者感觉疲劳，最终锻炼计划一拖再拖，甚至干脆放弃了这个计划。

你有一份重要的报告需要完成，但是你习惯去寻找各种借口推迟，比如整理桌面或处理一些紧急但不重要的事项。结果是，你在最后一刻匆忙完成报告，影响了报告的质量。

你计划管理自己的财务，比如制定预算或开始储蓄，但总觉得可以稍后再开始，结果几年过去了，你的财务状况没有得到改善。

是不是很熟悉？拖延在我们的工作和生活中随处可见，它可能和一个人固有的行为习惯、惰性，以及对复杂任务的担忧等多种因素有关。甚至是对于未知的不确定性，或是对于失败的恐惧，都有可能导致拖延的产生。

从某种意义上来讲，拖延的问题实际上很像是一种防御，是我们的大脑机制试图减轻我们内心情感上的不平衡和心理上的压力。也就是说，拖延会让你得到暂时的轻松，是你的大脑容许你这样做的。

我有一位编剧朋友小李，他在圈子里小有名气。有一次我们在探讨心流的话题时，他告诉我他最大的苦恼就是拖延。每当面对重要的剧本编写任务时，他总是会不由自主地往后拖。开始时，他以为这只是因为任务太难或缺乏灵感，但后来他意识到，这种拖延其实是对不确定性和可能的批评的恐惧。

我们开始深入探索他的拖延行为。他留意到一件事，那就是每当开始创作剧本时，他就会感到强烈的焦虑，担心自己的作品不够好。这种焦虑使他回避写作，转而做一些无关紧要的事情，如整理书架或者无休止地刷新社交媒体，此时他感到了一丝放松。而随着时间偷偷溜走，这种回避行为让他感到更加焦虑，形成了一个恶性循环。

有一次，小李面临着一项重要的剧本创作任务。他知道这次的作品将会被一位著名导演审核，所以他特别紧张。每当他坐到书桌前，手指悬在键盘上，脑海里总是浮现出导演的严厉批评和同事们失望的眼神。这种心理压力使他难以集中精力写作。

于是，小李开始寻找各种借口来逃避写作。他会花一个小时整理书架，把书按照颜色和高度重新排列。接着，他又开始清理邮箱，把所有邮件分类归档。他甚至会花大量时间浏览社交媒体，看看朋友们最近在做什么。他告诉自己，这些事情同样重要，但实际上，他只是为了逃避写作。

随着截止日期的临近，小李感到越来越焦虑。他知道自己浪费了大量时间，却无法控制自己。最后，他不得不在最后一刻匆忙赶工，结果剧本的质量并不理想，得到了许多负面的反馈。这次经历让他更加沮丧和自责。

其实很多时候造成你拖延的，是你的大脑，它才是拖延的“帮凶”。你的大脑给你开了一个后门，让你偷偷溜出去，做一些和你要做的事情无关的事情。然后当你发现自己的时间已经被浪费掉很多，计划被推迟了，你的大脑又会感到内疚和自责。听上去很矛盾吧？所以你才会感到焦虑。

拖延会带来一系列的问题，包括短暂的忧虑和长期的痛苦。短期来看，它剥夺了我们实现目标、完成任务的机会，浪费了我们宝贵的时间，阻碍了我们进入高效和专注的心流状态。而长期的拖延，可能导致自尊心受损、工作效率降低，甚至可能影响到我们的职业生涯和个人发展。

为了更好地理解拖延的根源，我们需要深入探讨其背后的心理机制。很多时候，拖延是由于对任务的恐惧和对失败的担忧。这种恐惧和担忧使我们感到压力和焦虑，从而选择拖延来暂时缓解这种不适感。然而，这种短暂的舒适感会导致长期的负面影响，使我们陷入恶性循环。

拖延是我们生活中常见的问题，通过识别其根源和理解其影响，我们可以采取有效的措施来克服它。无论是通过时间管理、从小事做起，还是通过深呼吸练习来减轻压力，这些方法都能帮助我们摆脱拖延，进入高效的心流状态，拥有更好的工作体验和生活质量。

用心流动力学打破拖延

如果你是一个拖延“爱好者”，你一定会变得很被动。因为不是你主动推动着事情的发展，而是时间在你的屁股后面催促你。我很少见到一个被动的成功者。所以，如果你想实现你的人生目标，想过上梦想的生活，最好能够成为一个积极主动的人。你需要使用心流动力学，去打破拖延。

心流动力学是关于深度投入和享受活动本身的心理过程。当我们完全沉浸在某项活动中时，心流的状态就如同我们进入了一个不同的时间维度，其中时间的流逝变得模糊不清。这种感觉有时被描述为“时间飞逝”，因为我们如此专注于活动以至于忽略了时间的流逝。有时心流也让时间似乎停止了流动，因为我们完全沉浸在当下，完全忘记了时间的存在。这种现象反映了我们大脑在心流状态下的特殊运作方式。

心流动力学通过使我们深度投入并享受活动本身，改变了我们与任务的关系。当我们进入心流状态时，原本令人生畏的任务变得吸引人，我们的焦虑和不安感降低，我们更愿意开始并完成这项工作，而不是总想着逃避。让我们通过下面的案例来解释这一过程。

阿林是一名深陷拖延症的大学生。面对学业上的压力，他没有采取积极的行动，而是经常选择逃避，沉迷于打游戏和刷手机，希望通过这些活动来暂时忘记学习的负担。当然，这些活动只是让他暂时解脱，拖延问题并未得到解决，反而加剧了他的焦虑和压力。为了缓解焦虑和压力，他只能继续沉迷于游戏和短视频。

有一次，阿林面临着期末考试的重压。考试临近，他却发现自己连复习资料都没翻过几页。心中的焦虑与日俱增，每次一坐到书桌前，他就感到心跳加速，手心出汗，仿佛有一种无形的力量在拖着他不去学习。于是，他又拿起手机，沉迷于游戏和社交媒体，试图通过这些方式来逃避内心的压力。

期末考试的结果自然不理想，阿林的成绩让他感到羞愧和沮丧。他终于意识到，如果不能改变这种状态，他的学业和个人发展都将受到严重影响。于是，他开始寻找解决方法。他尝试把手机锁在抽屉里，给自己定个学习闹钟，甚至把书桌搬到图书馆，但这些方法都收效甚微。他总能找到各种借口，把手机拿出来放松一下，结果拖延的情况依然没有改善。

直到有一天，阿林因为没有按时提交论文而受到导师的严厉批评后，他真正着急起来，下定决心要彻底打破拖延的毛病。他开始上网学习各种改变拖延的技巧，最终锁定使用心流理论来帮助自己。

首先，阿林努力寻找学习的乐趣和兴趣点。他意识到自己对新科技和编程有浓厚兴趣，于是开始将这些元素融入学习中。例如，在学习高等数学时，他尝试将数学问题与编程挑战结合起来，将解决数学题目视为编写程序的一部分。这种做法让他感到学习变得更有趣和有意义。

有一天，他在学习微积分时，遇到了一个复杂的积分问题。他决定用编程的方法来解决这个问题。通过编写代码，他不仅找到了答案，还进一步理解了积分的原理。这个过程让他感到兴奋和满足，完全忘记了时间的流逝。他发现，原来学习也可以像编程一样有趣。

阿林还学会了设定具体并有挑战性的学习目标。他不再以模糊的“课后复习”为计划，而是设定明确的、可衡量的目标，比如“今天解决三个数学难题”或“用编程完成一个统计项目”。这些具体的目标让学习过程更加清晰，也提高了他完成任务的动力。

他的第三个转变是将学习视为一种解谜游戏。每当面对一个复杂的问题时，他会把它视为一种挑战，享受找出解决方案的过程。比如，有一次他在学习统计学时，遇到了一个复杂的数据分析问题。他把这个问题当作一个谜题，享受每一步解开的过程。当他最终找到答案时，那种成就感让他感到无比满足。这种心态转变使学习变得更加吸引人，阿林发现自己在解决问题的过程中更容易进入心流状态。

通过这些方法，阿林逐渐减少了拖延行为。他发现，当他进入心流状态时，时间仿佛消失，他可以高效地学习数小时而不感到疲惫。学习不再是一种负担，反而变成了一种让他感到满足和有成就感的活动。

这个改变对阿林的学业成绩和个人发展产生了显著影响。

他不仅在学习中取得了更好的成绩，而且在个人能力上也有了显著提升。通过心流动力学，阿林成功地将原本枯燥的学习任务转变为充满乐趣的挑战，找到了真正激发他心流的因素，打破了拖延的恶性循环。

从阿林的身上我们可以清晰地看到一点，打破拖延最有效的方式并不是把浪费你时间的手机藏起来，也不是给自己上个闹钟，而是真正从内心深处转变。如果你认为学习像游戏一样有趣，你就会像打游戏一样上瘾。如果你能够把工作所带来的成就感作为你最重要的目标，那你就有可能更有效率地去完成你的工作。

当你通过这些转变，让自己进入心流状态后，你会感受到自己效能的提升，你会告诉自己"我不是那个拖延的人"，因为你确实做到了。这会帮助你进入一种正向的循环，从拖延到高效，从毫无目标到充满激情。

重新定义你的时间

一天24小时，每个小时60分钟，我们每个人可以管理的时间是相同的。但不同之处在于，每个人对时间管理的方式是不同的。

我们之前谈过很多次时间管理的重要性，而现在，我需要再次提醒你，良好的时间管理不仅意味着我们能更有效地利用时间，还能为心流的发生创造必要的条件，帮助你摆脱拖延。

当我们有意识地规划和分配时间时，我们为自己提供了一个结构化和有组织的工作环境，这在很大程度上增加了我们全神贯注于手头任务的可能性，从而更容易达到心流状态。这里有几个最基本的技巧，希望你可以掌握：

首先，确定优先级。你需要弄清楚哪些任务是最紧急和最重要的。比如，一位每天面对众多任务的工程师，可以在早上花几分钟时间列出任务清单，并根据紧急程度和重要性对任务进行排序。这样，他可以在精力最充沛的时候处理最具挑战性的任务，从而提高工作效率。如果你需要完成很多任务，但它们没有明显的优先级，可以尝试按照从易到难的顺序执行。

其次，把你的工作日划分成几个专注的时间区块。这可以帮助我们更有效地管理时间。比如，一位作家发现自己在上午最有创造力，他便决定每天上午的三个小时专注于写作。在这段时间里，他完全沉浸在写作中，不处理其他事情。这种划分帮助他在最佳状态下完成最重要的工作。

再次，断开数字干扰。在工作时关闭不必要的数字设备和社交媒体通知，可以显著提高工作效率。比如，一名市场分析师需要进行深度数据分析，频繁的手机通知和电子邮件会打断他的工作流程。于是，他在工作时将手机调至静音，并关闭了电子邮件通知，创造了一个无干扰的工作环境。这使他能够更专注于数据分析，提高工作质量。

最后，有意识地安排休息。工作中的短暂休息可以帮助我们避免疲劳和精力耗竭。比如，一名程序员需要长时间编写代码，连续工作3小时后，效率明显下降。于是，他开始实施每工作60分钟休息10分钟的规则。在休息期间，他远离电脑，进行散步或简单的伸展运动。这样的休息帮助他保持精神饱满，从而在工作时间内保持高效。

总体而言，有效的时间管理对于进入心流状态，以及克服拖延行为具有不可估量的价值。通过合理规划和管理时间，我们不仅能更有效地利用每一分每一秒，还能为达到心流状态创造理想的条件。

在心流状态下，我们的工作效率和创造力达到顶峰。我们的脑子能更好地处理信息，解决问题的能力显著提高，同时我们也能从工作中获得更大的满足感。通过合理规划和管理时间，我们能创造出一个无干扰、高效率的工作环境，使自己更容易沉浸在当前的任务中。这种沉浸感带来的正面反馈循环，不仅增强了我们对任务的掌控感，也增强了完成任务的动力。

值得强调的是，时间管理并不意味着让生活变得机械和僵硬。相反，它有助于我们理解自身的工作习惯和节奏，从而创造出一种既高效又灵活的工作方式。每个人的工作节奏和喜好都是独特的，因此寻找适合自己的时间管理策略是关键。无论是通过简单的日程规划，还是通过更复杂的时间管理方法，目标都是一样的：让我们的生活和工作更有序，更有成效，同时也让我们更能享受其中。

建立正向反馈的奖励系统

在提升效率和减少拖延方面，自我激励扮演着至关重要的角色。通过适当的自我奖励和有效的自我监督，我们可以大大增强完成任务的动力，同时保持心流状态。这两个技巧能显著改善我们的工作和生活质量，让我们更从容地面对各种挑战。

自我奖励是指在完成特定任务或达到某个目标后，给自己一些小奖励。比如，一杯喜欢的咖啡、一段休息时间，甚至是一集喜欢的电视剧。这种奖励方式不仅让我们感到满足，还能激励我们继续努力，从而提高整体效率和工作质量。想象一下，一位学生在高效学习几个小时后，奖励自己去公园散步或打一会儿篮球，这不仅肯定了他努力学习的成果，还给大脑一个休息和恢复的机会，帮助保持长期的高效率。

自我奖励的小方法包括：

即时反馈：及时的奖励有助于巩固积极的行为模式。

多样化奖励：不同的奖励形式可以防止奖励机制变得单调。

设定可达目标：将大目标分解为小目标，使得奖励更频繁，激励效果会更好。

同样地，一位网络作家在完成一篇文章或达到写作目标后，奖励自己一段阅读时间或看一集喜欢的电视剧，这种奖励机制不仅让她感到满足，还激励她继续写作。通过这样的方式，她能够更频繁地进入心流状态，提高写作的质量和效率。事实上，每个人都可以从中受益，因为很多工作或任务可能是枯燥的，即使知道这些事情对我们的成长、收入和未来非常重要，我们也可能缺乏足够的内在动力去完成它们，导致拖延和效率低下。在这种情况下，适当的自我奖励可以促使我们高效高质地完成任务，实现目标。

而自我监督是一种自我管理技巧，涉及对个人行为、工作进度和时间管理的自我观察、评估和调整。它包含自我反思、自我指导和自我调节，通过持续关注和评价自己的行为，及时做出调整，从而提高工作效率和达成目标。自我监督的关键在于设定具体、可量化且具有挑战性的目标，并通过记录每天的任务完成情况进行监控。比如，自由撰稿人艾米每天设定写2000字的目标，并使用时间追踪软件记录写作时间和字数，确保时间利用有效。

自我监督的小方法包括：

每日记录：记录每天的工作进度，有助于保持持续的动力。

定期回顾：每周或每月回顾进展，调整策略，提升效率。

行为分析：通过分析工作行为，找到最高效的工作方式。

在评估表现方面，艾米每周会评估自己的写作表现，找出最高效的写作时间段，并根据评估结果调整工作策略。她可能会调整工作日程，把写作时间定在效率最高的上午，并尝试不同的写作地点，以找到最能激发心流的工作环境。每个月，艾米还会对整体表现进行反思和总结，回顾进展和成长，指出需要改进的领域。

这种系统化的自我监督和奖励，不仅可以提高效率，还能让我们更容易进入心流状态，避免拖延。这种方法不仅适用于工作，也适用于生活中的其他领域，如学习、运动或艺术创作。通过设定目标、追踪行为、评估表现、自我奖励、调整策略和反思总结六个步骤，我们可以提高自我意识，更好地管理时间和资源，实现个人和职业生活的持续进步。

所以下次你完成了一项艰难的任务，别忘了给自己一点奖励。你会发现，这种小小的奖励不仅让你心情愉悦，还能激励你继续前行，享受过程中的乐趣和成就感。结合自我奖励和自我监督，我们不仅能高效完成任务，还能减少拖延，享受过程中的成就感，最终实现更高的效率，不断提升满意度。

专注力升级实战

强大的专注力，是工作、学习乃至个人爱好取得成长与成功的关键基石。本节将聚焦于此，深入探讨如何通过提升专注力来有效触发并稳固维持心流状态，同时揭示专注力对个人生产力与创造力的驱动作用。

心流状态下专注的力量

进入心流状态，就像把自己完全浸入一个任务中，心无旁骛，全神贯注。这种深度的沉浸不是表面上的专注，而是深入大脑和精神层面，形成一种高度集中且充满活力的状态。

从脑科学的角度来看，心流是一种精神层面的变化。当我们进入心流状态时，大脑会进入一种特别的工作模式。负责专注和认知的区域变得异常活跃，而与外界干扰和分心相关的部分活动则减少。这种神经活动的改变使我们能够屏蔽掉无关的信息和刺激，全心投入当前的任务中。

这种专注的力量对我们的影响十分深远。在心流状态下，我们不仅能更高效地完成任务，还能深入理解和探索任务的本质。这种深层次的投入带来了对细节的敏锐洞察力和对整体的清晰理解，使我们的工作不仅快速而且高质量。

说到专注的力量，不得不提一个现实生活中的例子。朋友的公司里有两位同时入职的程序员，他们都有名牌大学的研究生学历，对计算机语言的掌握情况几乎没有差别。然而，他们在工作中的表现却大相径庭。

其中一个年轻人极为专注。他一开始工作，就会关闭所有的社交媒体通知，并告诉同事除非有紧急情况，否则不要打扰他。他还使用一些专注辅助软件来帮助自己保持专注。每当他沉浸在代码的世界中时，注意力完全集中在解决编程问题上。这种专注让他能够快速且准确地找出问题所在，并提出高效的解决方案。他的代码不仅干净利落，而且少有错误，很快他就成为团队中备受信赖的成员。

有一次这位年轻人接到一个紧急项目，要求在一周内完成一个复杂的功能模块。他关闭了所有的社交媒体，不再参与无关的会议，把所有的精力都投入这个项目中。每天，他都会提前半小时到办公室，静静地规划一天的工作，确保每一个细节都不被遗漏。结果，他不仅按时完成了任务，而且代码质量非常高，客户对他的工作赞不绝口。

而另一个年轻人则完全不同。他在编程时总是一心二用，边写代码边查看电子邮件，偶尔还会刷一刷社交媒体。这种分散的注意力导致他经常出错，一个简单的编程任务可能会花费大量时间来纠正。一次，他被要求修复一个紧急的系统漏洞，但由于他总是分心，最后不仅没有按时完成，还因为代码错误使得系统出现了更多的漏洞。由于注意力不集中，他的代码质量不稳定，这也让他在工作中频繁遇到挫折。

假如你是这两位年轻人的上司，你会给谁更多的成长机会？你会让谁来承担更多的责任？答案显而易见。专注力强的年轻人得到了同事和上司的高度评价，不到两年就被提升为项目组的组长。而注意力不集中的年轻人，早早就被公司淘汰了。

专注不仅能缩短你完成任务的时间，还能大幅提高工作的质量。越是专注的人，越有可能在人生的成长道路上取得快速成功。这就像搭上了成功的“快车”，那种感觉真是让人兴奋。

心流状态不仅让我们在工作和学习中游刃有余，还让我们体验到一种纯粹的、充满活力的满足感。在这种状态下，我们完全沉浸在手头的任务中，忘记了时间的流逝，忘记了外界的一切干扰，仿佛世界上只有我们和当前的任务。这种专注不仅让我们在专业领域更有成就感，也让我们的内心世界更加充实和平静。

所以，专注的力量不容小觑。无论你是学生、程序员、艺术家，还是任何领域的从业者，专注都能让你在自己的领域内如鱼得水，取得令人瞩目的成就。下次当你感到分心的时候，试着关闭那些干扰，给自己一个安静的环境，全身心投入手头的工作中，你会发现，专注的力量会让你大放异彩。

找到你的内在动力源泉

动机不仅重要，而且复杂。它不仅是推动我们行动的力量，更是影响我们如何行动、为何行动的核心因素。特别是在克服拖延和提升效率的过程中，动机起到了决定性的作用。心流状态并不是偶然达到的心理状态，而是内在驱动力的直接体现，这种驱动力源自我们对活动的兴趣和热情。

当我们从事与自己的兴趣和热情紧密相连的活动时，心流的发生概率大大增加。因为当活动与我们的内在动机相符合时，我们更容易全身心投入，注意力更集中，心理和情感状态也更加积极。

内在动机的另一个重要方面是它对我们处理任务的影响。当我们因为内在的热情而从事某项活动时，我们通常会更加专注于活动本身的过程，而不是外在的奖励或认可。这种专注于活动本身的态度，是心流发生的关键。

此外，内在动机还与我们对自我效能感的感知密切相关。当我们相信自己能够成功完成一项任务时，我们不仅更有可能投入其中，还会在过程中感受到满足和获得成就感。这种自我效能感的提升反过来又增强了我们的内在动机，形成了一个积极的循环。

让我们看看宋羽的故事。她在一家外语教育集团担任英语教员，主要负责出国英语培训。起初，她并不认为这是一项多么有趣的工作，因为大多数时候，她只是按部就班地授课。检查学生们交回来的作业甚至成了她的负担，因为她必须一份一份审阅和批注。在很长一段时间里，她都觉得这份工作烦琐无趣，看不到自己的价值。

然而，一件事改变了她的想法。她的一位学生通过努力，成功考入了一所名校，这位学生特意找到宋羽，对她表示感谢。他说：“宋老师，如果没有您的帮助，没有您那么细致认真地帮我们审阅作业，指出错误，我的英语恐怕不会有这么大的提升。我也就没有机会考入自己梦想的大学了。”

学生的话让宋羽感到意外。她没想到，自己认为的“负担”，竟然能够帮助别人实现梦想。宋羽突然意识到，她工作的价值不在于完成公司规定的教学任务，也不是做那些烦琐的作业检查，而是帮助学生们在他们的人生道路上走向成功。

帮助别人成功，也是一种巨大的成功！学生真诚的感谢，让宋羽体验到了工作的成就感和满足感，让她从内心深处找到了工作价值。从那以后，宋羽对学生更加关注，这也让她的专注力得到了提升，学生们的学习进步也更加显著。

随着越来越多的学生在留学英语考试中取得好成绩，宋羽不仅收获了更多学生和家长的感谢，还因为出色的教学成绩，成为这家教育集团的明星教师。

通过宋羽的转变，我们看到，内在动机是让我们更专注、更高效的关键力量。在工作中，成就感、荣誉感或者未来的宏伟目标，都可能是你内在动机的重要组成部分。很多时候，内在动机远比外在激励更令人兴奋，因为它来自你的内心，是你最渴望的事物。

因此，如果你想提升专注力，了解和培养自己的内在动机尤为重要。我们需要探索和识别真正激发我们热情的源泉，找到那些让我们感到兴奋和满足的动机。通过这种自我探索和实践，我们可以更有效地进入心流状态，从而进入一个正向的循环。

找到动机，激发热情，全身心投入自己真正感兴趣的事情中，你会发现，原本繁重的任务也变得轻松愉快。这样，你不仅能够高效完成工作，还能从中获得巨大的成就感和满足感。试试看，下次当你面对一项挑战时，想想它对你个人的意义，找到内在的驱动力，让自己全力以赴。你会惊讶于自己能取得的成就。

积极心理暗示的魔力

假设你是一个刚入职场的新人，缺乏经验，每当面对复杂的项目任务时，你的大脑里就会响起一个声音："我不行，这太难了。"这种持续的自我怀疑让你感到焦虑和不安。因为你总是预设自己会失败，往往在开始工作前就已经失去了信心，这导致你注意力分散，无法集中于任务，更不用说进入心流状态了。

其实你并不是做不了，也不是做不好，而是你总是给自己消极的心理暗示。你的潜意识会描绘出失败时的情景，可能会面临别人的嘲笑，上司对你失去信心等。这些糟糕的想法会让你畏手畏尾，失去很多成长和成功的机会。

错误的心理暗示，比如负面的自我对话和思维，会显著地影响我们的情绪、注意力，甚至阻碍我们进入心流状态。这些负面的暗示成了心理上的重负，拖累我们的精神，使我们难以发挥真正的潜力。

当我们能给自己积极的暗示时，情况就会截然不同。你还是那个刚入职场的新人，在面临复杂的项目时，如果你告诉自己"我只要努力，就能做到"，或是"我相信自己没问题"，或者"我缺的就是这种机会，我要好好表现一下了"，你会更有信心去接受挑战。这个时候你的注意力会更集中，因为你的潜意识中没有杂念干扰，心流状态会激发出来，帮助你寻找解决问题的方法和策略。

心理学中有一个分支叫作积极心理学，它强调个体通过积极思维模式和自我认知，提升个人的幸福感和成就感。自我暗示正是这一理论的核心部分，涉及对自身能力的积极认知和期待，帮助个体在面对挑战时保持积极和乐观的心态。这种内在的积极对话可以激发我们的内在力量，让我们变得更专注，状态更好，甚至超过平时的水平。

有这样一位年轻的业余球员，他对足球充满热情，一直梦想着成为像罗纳尔多那样的球场巨星。不过，他也深知自己的身体条件和竞技水平与职业球员相去甚远，但这并没有阻止他努力追梦。尽管水平有限，但每次参加当地的业余足球比赛时，他总能发挥超常。成功秘诀是什么呢?

原来，在比赛之前，他都有一个特别的准备仪式。他会静静地站在球场边，深呼吸，闭上眼睛，对自己说："我可以像职业球员一样出色，我可以像罗纳尔多一样优秀。"这种积极的自我暗示不仅让他在比赛前充满自信，也为接下来的表现奠定了基础。

当比赛开始后，这些自我暗示逐渐激发了他的心流。他开始积极主动地思考和模仿职业球员处理足球的方式，甚至敢于像罗纳尔多一样带球奔跑、过人。他的专注度极高，完全沉浸在比赛中，显然，他完全进入了心流状态。

他的注意力完全集中在比赛上，感知更加敏锐，反应也更快。这让他总是能够成为比赛的焦点人物。他得到了队友的认可和赞许，甚至有的同伴夸他："一到球场上就像换了一个人似的。"

这就是积极暗示带来的转变：它促进了心流状态的激发，让一个人的潜能最大限度地发挥出来。这不是《哈利·波特》里的魔法，而是一种可以改变你人生的心理学技巧。

所以，下次当你感到自我怀疑时，试着用积极的暗示代替那些负面的想法，告诉自己："我能行"，或者"这是一个成长的机会"。你会发现，这种积极的自我对话会让你更加专注，更加自信，从而在面对挑战时，发挥出更好的水平。积极的自我暗示，能让你不仅做得更好，还能享受这个过程，体验到工作的乐趣和成就感。

从分心到专注

在如今这个网络发达、社交和娱乐丰富的社会环境中，保持专注确实成了一项巨大的挑战。无论是工作中的邮件提醒、生活中的社交媒体通知，还是我们内心的杂念和焦虑，种种因素都在不断地分散我们的注意力。这种环境使得深入专注于任何任务变得更加困难，心流状态也因此变得难以达到。

想想看，你是不是也有这样的经历：正当你开始处理一项重要工作时，手机上突然弹出一个社交媒体通知。你告诉自己只看一眼，但不知不觉中就被吸引进去，开始无休止地滚动和浏览。当你意识到时，已经过去了半个小时，而手头的工作还没开始。

或者，当你在家中安静地阅读一本书时，突然杂念纷至沓来，你开始思考家庭、工作或是未来的种种事情。很快，你发现自己已经完全脱离了书中的内容，被自己的思绪所牵引。

在这个信息爆炸的时代，我们的注意力被无数的干扰所吸引。从工作邮件到社交媒体，再到我们自身的拖延和犹豫，这种分心现象是极为普遍的，但却对我们的成长极为不利。因为分心不仅影响我们的工作效率，还削弱了我们享受生活和工作美好瞬间的能力。

然而，尽管如此，我们并非无能为力。实际上，通过采取一系列明智的策略和实践，我们可以有效地从分心状态转变为专注，进而达到心流状态。这需要我们对当前的生活方式和工作习惯进行有意识的调整和优化。

首先，理解分心的具体原因至关重要。这可能包括外部环境的干扰，如噪声或视觉干扰，以及内部因素，如焦虑、压力或者过度思考。一旦识别出这些干扰源，我们就能有针对性地采取措施来减轻或消除它们。

曾经有一位住校大学生思远，他经常发现自己在寝室里学习时，总是无法做到专注。一方面，室友和寝室外的交通噪声给他带来干扰；另一方面，他也经常被手机游戏和社交媒体吸引。这些因素的叠加，让他在寝室里的学习效率极低。

怎么办呢？为了改变这种状况，思远决定把手机放在寝室里，自己一个人跑到安静的图书馆学习。在图书馆里，通常只能听到翻书的声音。这种环境的改变让他从分心转变为专注，学习效率大大提升。他惊喜地发现，在图书馆里1个小时的自习效果，相当于在寝室里3个小时的自习效果。他有了更多时间做自己喜欢的事情。

另外林晓的做法也很值得推荐。她是一家知名出版公司的资深编辑，从上班的第一分钟开始，就有很多事情需要处理，既要审核图书内容，还要与美术编辑沟通，还要和市场部探讨图书推广方案。听起来是不是让人感到焦虑?

但林晓在如此繁忙的工作下，仍然非常专注。她的秘诀是每天一早就列好今天的任务清单，并划分好时间段。她要求自己每个时间段只专注于一件事，不紧急的信息她都会暂时搁置。只有完成一个时间段的任务后，她才会集中处理这些信息，并给自己一些休息和放松的时间。

除了创造一个利于专注的环境和一次只做一件事外，培养一种积极的心态也非常重要。专注并非一蹴而就，而是一个渐进的过程。你需要给自己时间去适应新的习惯和实践，同时也要认识到专注力是可以通过练习而逐渐增强的技能。

当然了，重视休息和恢复同样重要。适时的休息可以帮助大脑恢复能量，防止过度疲劳。这种平衡不仅有助于保持专注力，还有利于长期的身心健康。比如，通过冥想、深呼吸等放松技巧，我们可以减少内心的焦虑和紧张，从而更容易集中注意力。

总之，尽管现代生活充满干扰，但通过有意识的策略和努力，我们仍然可以从分心状态转变为专注。这种专注不仅能提升我们的工作效率，还能让我们更深入地享受工作和生活带来的乐趣。通过这些策略，我们可以不断接近并实现心流状态，享受它带来的满足感和成就感。

从心流到知行合一

你的身体和思想是密不可分的，它们是一个整体。如果你能做到身心合一，就能更好地主宰你的行为。然而，无论我走到哪里——机场、车站、公园、餐馆还是写字楼，我总能从行人的眼神中看到一种“身心不合”的状态。就在年初的时候，我曾经在餐厅遇到过一位服务生，他面无表情，眼神中透露出倦怠感，仿佛在说：“这种无聊的、伺候人的工作，有什么前途呢？”没过多久，我再次到那个餐厅用餐时，这位服务生已经不见了。

人们总是在做某件事时，内心却不认同自己做的事。这会导致他们无法全情投入，更别提激发心流的能量了。想想看，一位正在学习电脑技术的人，如果总是对自己说：“学这个也就当个程序员，也不可能成为比尔·盖茨。”你觉得他会坚持学好吗？很可能，他很快就会放弃学习，转行做其他的工作。

再比如，一位参加马拉松比赛的选手，在比赛过程中暂时落后，他会想：“我已经被第一名落下那么多了，我还有可能成为冠军吗？”在他这么想的过程中，他的脚步就会慢下来，最后连前三名都没能跑进去。

质疑来自心底，但却不停地影响着行动。在工作时，员工会想“老板让我做这个工作有什么意义呢”；在做销售时，推销员们会想“这个产品真的不错吗，顾客会满意吗”；在进行文学创作时，写作者会想“这本书写成后会有人买吗，会不会卖不了几本”……

这些质疑声就像观众，当你登台准备表演时，它们在底下发出嘘声，仿佛在对你说：“下去吧，你的表演糟透了。”“嘿，你还是练练再出来吧。”

质疑的根源在于对自己缺乏自信，也就是说，你不相信自己。很多事情你向往但从未做到过，你不知道自己能不能行，于是在心中给自己打了一个大大的问号：“我真的可以吗？”或是“我能做到吗？”

我可以理解这种感受，就像没有走过的路总是令人感到恐惧，担心路上会蹦出什么怪物一样。解决这种质疑的方法是学会转移你的意识焦点。把问题从“我真的可以吗”转化到“我如何可以做到”，你的思想和行动就更容易形成一致，达到“身心合一”的境界。

有一位高尔夫球高手，他在一系列比赛中赢得了超过100场冠军，被认为是“天生的高尔夫球手”。但事实上，他并不是个天才。在最早练球时，他总显得很笨拙，不是力量过大就是过小，这让他对高尔夫球充满了失望，他甚至怀疑自己：“我真的能打好球吗？”

但他的教练并不这么认为。教练认为他的问题不在于天赋，而在于他太想打好每一杆球了，越是打不好，他的心里越慌乱，失误也就越多。于是教练对他说：“在你出杆之前，不要想着球能否一杆进洞，而是花时间想象一下击球的过程和球的飞行路线。你可以试试吗？”

他耐心听完教练的话，开始在击球前想象自己用什么样的力度、怎样的角度击球，球会飞出怎样的弧线，在空中遇到怎样的空气阻力，何时划出一条优美的抛物线。他开始进入心流状态。

起初，球并没有按照他的想法飞行和落地，于是他总结经验，反复模拟和练习。逐渐地，他发现自己的想法和动作能和谐统一，球基本能按预想的那样飞行。

他的成功关键在于意识的转变，做到了身心合一，把注意力放在打好每一杆球的技术动作上，减少了心理因素的干扰。随着他发现自己能有效控制球的飞行路径，自信心也增强，心理干扰变少，进入了正向循环。

现在请你想想，有哪些想法使你产生了“身心不合”的情况，你该如何调整自己，清除那些负面想法，让自己走上正向循环之路。我相信，当你在头脑中做出改变后，你会成为一个能够完全掌控自己、专注的人。

第 5 章

持续进阶：成为心流掌控者

如果你想实现人生的飞跃，你必须至少做到两件事：第一件事是成为一个坚不可摧的人——没有什么挫折或困难能击败你；第二件事就是突破你的极限，跨越阻碍你成功的那道坎。

逆境：保持心流状态

在挫折面前，你是选择知难而退，还是选择勇敢地跨过它们呢？你的选择决定了你能否维持住心流的状态，也关系到你能走多远，你能走到哪里。别担心，逆境并非不可战胜，你只需做出一点点改变。

如何快速修复被打断的心流？

我们都知道，激发心流状态可以让我们进入一种正向循环，态度更积极，注意力更专注，效率也更高。然而，无论你现在状态多好，目标多振奋人心，你有多努力，成长道路上总会遭遇挫折和逆境，这会破坏你的心流状态。

这让我想起了小李，他是一名年轻的建筑设计师，对设计充满热情。在他的职业生涯初期，他几乎每天都处于心流状态。小李全神贯注于设计图纸、与客户沟通和研究新材料，经常工作到深夜。在这种状态下，他的工作效率极高，创意不断涌现，项目进展迅速。小李相信他的设计会赢得客户的高度认可，他的热情和努力似乎都在指向一个积极的方向。

然而，挫折不期而至。在一个重要的设计竞标中，小李的方案被客户否决了，客户选择了竞争对手的设计。这个拒绝不仅让他的职业生涯受到打击，更严重的是，这动摇了他的自信心。从那一刻起，小李发现自己再也无法像以前那样进入心流状态。他开始怀疑自己的设计能力和职业选择，焦虑和沮丧成了他日常生活的一部分。

每次坐到电脑前，小李的大脑都会充满“如果……会怎样”的思维。他开始回避之前沉浸其中的设计工作，对曾经的乐趣感到迷茫。原本一心投入的工作变成了沉重的负担，工作效率急剧下降。甚至在睡前，他也会被未来的不确定性和失败的恐惧所困扰。

小李的经历清楚地展示了挫折是如何影响心流状态的。首先，竞标失败带来的负面情绪，如沮丧和焦虑，直接影响了他的心态。心流需要积极、平和的心态，而强烈的负面情绪让他难以维持专注和投入。

当心理被挫折和困难占据时，我们的大脑更倾向于进入求生模式，即“战斗或逃跑”反应。在这种模式下，我们的认知功能受限，难以进行复杂和创造性的思考，这对于进入和维持心流状态造成了严峻的挑战。

其次，挫折引发的自我怀疑影响了小李的自信和专注力。自我怀疑让他难以全神贯注于手头任务，因为他的心理资源被消耗在担忧和质疑上。此外，遭受挫折后，他的思维模式从积极变得消极，专注于潜在的失败而非当前的任务，这进一步让他远离心流状态。

心流状态要求高度的自我效能感，即对自己完成任务的能力有坚定的信心。挫折常常削弱这种信心，使人感到无力和迷茫。在这种情绪状态下，我们很难完全投入任何活动中，难以体验到心流所带来的深度专注和满足感。

从心理学的角度来看，挫折和困难对个人心流状态的影响是深远且复杂的。要有效地管理这些负面影响，并重新找到进入心流的路径，我们需要采取一系列积极的策略，如情绪调节、压力管理、自我激励以及重新设定目标和期望。

举个更具体的例子，小王是一名热爱写作的自由撰稿人，最初写作时充满激情，每天都能进入心流状态。然而，一次他的稿件被多家杂志社拒绝后，他开始怀疑自己的写作能力，觉得自己写的文章没人会喜欢。每次坐到电脑前，他脑海中充满了“如果没人看怎么办？”的念头，无法集中注意力，写作变得痛苦且低效。

为了应对这种情况，小王采取了一些策略。他开始练习冥想，在写作前让自己放松，消除紧张感。他还设定了小目标，比如每天只写500字，不给自己太大压力。此外，他参加写作工作坊，与其他作家交流，获得支持和鼓励。这些措施帮助他逐渐恢复自信，重新进入心流状态，最终完成了一部被广泛认可的作品。

通过这些积极的策略，我们可以在面对挑战时保持心理的弹性和坚韧，不仅能更好地应对困难，还能在任何环境下找到并维持心流状态。

总之，尽管挫折和困难是不可避免的，但通过有效的情绪调节、压力管理和自我激励，我们可以重新找回那种深度的专注和满足感，让心流状态成为我们生活的一部分，帮助我们在逆境中继续前行。

情绪管理的魔法

在信息爆炸的时代，情绪管理在保持心流状态中尤为重要。无论是在职场上应对压力，还是在生活中处理琐事，我们都会遇到负面情绪，比如挫败感、沮丧、焦虑，甚至是恐惧。如果不妥善管理，这些情绪不仅会打断我们的专注力，还可能长期影响心理健康。

莫娜是一名年轻的画家，她的创作充满激情，作品深受喜爱。她原本每天都沉浸在心流状态中，每一笔都是灵感的涌现。然而，不幸的是，莫娜最亲爱的妈妈突然病逝，这对她来说是一个巨大的打击。悲痛像海浪一样袭来，她的世界仿佛一下子崩塌了。

在那段时间，莫娜无法进食，甚至连水也喝不下去，整个人消瘦了许多。她整天沉浸在悲伤中，思念成疾，感觉度日如年。每次想起妈妈，她都会泪流满面，心情难以平复。莫娜再也没有能力创作出任何作品，原本充满灵感的画布，如今一片空白。

情绪的崩溃让莫娜无法集中注意力，更别提进入心流状态了。她知道，如果继续这样下去，自己的生活和事业都会被彻底摧毁。于是，她决定采取一些情绪管理的方法来帮助自己走出阴影，重新回到生活和工作中。

首先，莫娜学会了识别和承认自己的情绪。她不再试图压抑自己的悲伤，而是允许自己感受这些情绪。每当想起家人时，她会告诉自己，这是自然的情感反应，不需要为此感到羞愧。

然后，她开始尝试深呼吸练习来缓解紧张和焦虑。每当感到情绪失控时，她会找个安静的地方坐下，闭上眼睛，慢慢吸气，数到四，再慢慢呼气，数到四。这个简单的练习帮助她放松了紧绷的神经，让心情逐渐平静下来。

除了深呼吸，莫娜还开始写日记。她每天都会记录下自己的感受，把思念和痛苦倾诉在纸上。这种方式不仅帮助她整理了思绪，也让她释放了内心的压力。通过写日记，莫娜逐渐找到了与妈妈之间新的连接方式，慢慢接受了失去亲人的现实。

同时，莫娜也积极寻求外界的支持。她开始与朋友和家人分享自己的感受，接受他们的安慰和帮助。她还参加了一个失去亲人的互助小组，结识了一些有相似经历的人。通过与他们交流，莫娜不再感到孤单，她发现自己并不是一个人在承受痛苦。

慢慢地，莫娜的情绪逐渐稳定下来。她开始重新拾起画笔，尽管一开始创作仍然困难，但她没有放弃。每当感到挫败时，她会用积极的自我对话鼓励自己："我可以做到，这只是一个过程。"她还尝试将自己的情感融入作品中，把对家人的思念化作创作的灵感。

最终，莫娜发现自己重新找回了心流状态。她的画作开始焕发出新的生命力，充满了深情和力量。通过情绪管理，她不仅走出了悲伤的阴影，也在艺术创作中找到了新的动力和方向。

总而言之，通过识别和管理情绪，我们可以更好地应对生活和工作中的挫折，从而保持心流状态。莫娜的经历告诉我们，无论遇到多么大的困难，只要学会有效的情绪管理，我们都能重新找到生活的平衡和工作的激情。通过深呼吸、写日记、寻求支持和积极的自我对话等方法，我们可以让心流回归，享受工作的乐趣和成就感。

注意力转换的智慧

无论你准备得多么充分，总会遇到难以预料的挑战。你的目标越远大，面临的挑战就越多，越有可能遭遇更多或更沉重的挫折。

以阅读和写作为例。阅读一本书相对简单，你只需要拿出时间，搞懂里面不明白的词语或句意，花上一个礼拜坚持看完就可以。而写一本书，你则需要先整理出大纲，花上几周甚至几个月时间搜集资料，还要克服随时遇到的各种问题，才能写完。但你也可能因为中途遇到困难而无法完成写作计划。

很多人从早上睁开双眼到晚上合目休息，一天时间内充满了各种“糟糕”的事情：恶劣的天气、拥挤的交通、同事的不配合、老板的过高要求、体力和精力的极限等。这些问题压得人们喘不过气，焦虑、抑郁等疾病随之滋生，严重危害我们的健康。

你的生活状态是不是这样呢？问题是，你无法改变那些“糟糕”的存在，因为它们是客观的。只要你去工作，去争取好的事情发生，就会遇到这些难题。这并不以你的意志而转变。你唯一能做的是改变你自己，改变你的态度和反应，改变你的注意力焦点。

小美是一位热心的社区志愿者，喜欢种植花草。她一直梦想着把社区花园打造成一个人人都喜欢的地方。初期，她每天都忙碌地修剪、浇水，甚至设计花坛，一度进入了心流状态。然而，有一阵子，社区里的人开始抱怨花园占用了太多公共空间，还有人随意破坏她辛苦种植的花草。小美感到非常失望，觉得自己再怎么努力也没用。

面对这些挑战，小美决定改变她的注意力焦点。她不再纠结于那些抱怨和破坏，而是把焦点放在如何让更多人参与到花园建设中。于是，她组织了社区花园日，邀请居民们一起来种花，开展园艺讲座，分享种植经验。

一开始，参与的人寥寥无几，小美并没有灰心。她挨家挨户地敲门，热情地邀请每一位邻居参加花园活动。她对大家说："这是我们共同的花园，大家一起来打理，会更加美丽。"慢慢地，她的热情打动了越来越多的人，邻居们开始加入进来，有人带来了自己种的花草，有人提供了花园工具，还有人甚至带来了家里的小点心，大家一起分享。

小美还联系了附近的小学，邀请学生们来参观和参与园艺活动。她教孩子们如何种植和照顾植物，孩子们在她的指导下，学到了许多园艺知识，也培养了对自然的热爱。看到孩子们兴高采烈地在花园里忙碌，小美感到无比欣慰。

为了让花园更有吸引力，小美还安排了一些互动活动，比如每月一次的园艺比赛，让居民们展示他们种植的花草，评选出最佳花坛。在社区花园日，小美准备了一些简单的茶点和饮料，大家在花园里一边工作，一边聊天。居民们互相分享种植心得，有的还带来了自己种的蔬菜和水果。通过这些活动，社区的氛围变得更加融洽，大家的关系也更紧密。

渐渐地，花园里开满了鲜花，各种色彩交织在一起，美不胜收。居民们在花园里休息、散步、聊天，享受着大自然的美好。小美重新找回了那种愉快的心流状态，她不仅实现了自己的梦想，也让社区变得更加美好。

小美的故事告诉我们，面对困难和挫折时，改变注意力焦点是关键。她从纠结于问题本身，转而专注于如何解决问题，如何让更多人参与进来。通过这种积极的态度和行动，她不仅克服了困难，还实现了自己的目标。

生活和工作中，我们都可以用这个方法来战胜困难。只需纠正我们的意识焦点，就能在困难到来时“挺过去”。下次遇到困难时，不妨尝试改变注意力焦点，把问题从“我为什么不行？”转变为“我怎样才能行？”你会发现，困难不再是绊脚石，而是迈向成功的垫脚石。

提高你的心理弹性

我见过很多人在遇到挫折或困难的时候，还没有怎么努力，就轻易地放弃了。这是一个非常令人遗憾的事实。我并不是说放弃是一件可耻的事。俗话说得好，“知难而退”，每个人都有逃避痛苦的倾向，遇到让你感到痛苦的事情，你当然有权利选择“逃跑”。

但如果你遇到一点困难，面临一丝挑战就选择放弃的话，你很容易陷入一个循环。只要遇到一些让你感觉痛苦的事情，你就会选择放弃，并成为一个习惯放弃的人。仔细想想，这样的人，一生能取得多大的成功呢?

遇到挫折后很快妥协，很容易破坏你的心流状态，让你一下泄了气，再想进入心流状态就会变得很困难。这种感觉就像你从高空中往地面上扔了一个皮球，皮球在碰撞到坚硬的地面后破了个口子，里面的气迅速跑光，再也无法弹起。

但是对于心理弹性强大的人来说，情况就会不一样。他们会在挫折面前更有韧性，不轻易妥协，即使摔在地上，也很快能反弹起来。这样的人，心流的状态更容易维持住，做任何事成功的概率都会更高。

那么，什么是心理弹性呢？心理弹性，也被称为心理韧性，是指个体在面对压力、挑战、困难或逆境时，能够恢复力量和正常功能的能力。简单来说，它是一种应对生活中不可避免的挑战和压力的心理能力。

心理弹性使个体在遭遇压力和困难时能够快速适应和恢复。它像一个心理上的“缓冲器”，减少了挫折对我们情绪和行为的负面影响。拥有强大心理韧性的人能够将注意力快速重新集中于目标上，不被困难所左右，这对维持心流状态至关重要。

举一个著名的例子：马丁·路德·金。马丁·路德·金是美国民权运动的灵魂人物，更是全球追求平等与正义的象征。面对南方根深蒂固的种族隔离制度，他屡遭迫害：多次入狱累计超300天，在伯明翰监狱写下《从伯明翰监狱发出的信》，以理性文字回应压迫，坚守“立即行动”的信念；蒙哥马利巴士抵制运动中，他培训参与者以非暴力对抗暴力，将肉体痛苦升华为对平等的信仰；1963年《我有一个梦想》的演讲，以“种族正义如水流”的愿景，将仇恨转化为希望，赢得国际支持，推动《民权法案》《投票权法案》等法律突破。

金的抗争超越个人自由，他发起“穷人运动”，呼吁跨种族团结对抗贫困，展现变革者的深远视野。面对激进派质疑，他坚持“黑暗不能驱散黑暗，只有光能做到”的哲学，用包容化解分裂，拒绝以暴制暴。即便生命屡受威胁，他始终以和平与爱为武器，将非暴力抗争升华为道德力量。

金的一生充满争议，却更显深刻：批评者认为其策略过于妥协，支持者则视他为道德楷模。但他用行动证明，真正的勇气是在绝望中播种希望，真正的力量源于对人性尊严的信仰。今日，他的精神依然如灯塔，提醒世人：变革虽缓，信念可移山。

他的经历足以证明，即使在最黑暗和艰难的情况下，心理弹性也能成为我们最强大的“心灵武器”。

想想看，如果没有心理弹性，托马斯·爱迪生在寻找灯丝材料的过程中，可能经历了开头的几次失败之后，就宣告放弃了。如果没有心理弹性，哈兰德·桑德斯也不可能坚持1010次的推销，直到他的炸鸡配方被采用。如果没有心理弹性，高中就被学校篮球队淘汰过的迈克尔·乔丹可能早就转向了别的运动，根本无法成为NBA历史上最伟大的后卫。

没有一个人能够随随便便成功，很多伟大的成功都是在跨越一个个挫折或失败的基础上实现的。只有具备了强大的心理弹性，你才能保持充盈的心流状态，从困境中走出来。

那么，如何提高你的心理弹性呢？除了做好情绪管理以外，关键的一点是改变你的态度。如果你认为挫折是一种磨难，那么你会主动选择逃避，但如果你认为挫折或挑战是成长的机会，是成功的必经之路，那么你会更加从容地去面对困境。你会做好情绪管理，让你的心流状态不受影响。

另一点就是自我感觉的建立。在困难面前，你可以回想自己过往成功的经历，让自己相信有能力解决问题、走出逆境。当然，你还可以在遇到挑战时寻求外界的支持和帮助，家人、朋友、同事、上司都有可能为你提供精神支持。

总之，提高心理弹性，让自己更具韧性，不轻易放弃，是我们应对生活中各种挑战的有效策略。通过改变自己的态度和反应，重建心理弹性，才能在挫折面前保持心流状态，持续向前，最终实现自己的目标。

突破极限：用心流跨过临界点

很多时候，限制你成长、阻碍你成功的并不是外界因素，而是你自己，是你曾经取得的成就，是你长期无法超越的自我。如果你想飞得更高，看到更令人惊叹的风景，你必须突破你的极限，用心流跨过临界点。

你的极限在哪里？

曾经，一位朋友告诉我，他每天只能慢跑30分钟，这是他的极限。一旦时间超过30分钟，他会感到非常疲劳，感觉自己一步也迈不开。但是我告诉他，这并不是他的极限，只不过是自己在头脑中给自己设定的界限而已。

当你遇到某个障碍时，像是30分钟的跑步极限，很可能这只是你在心理上给自己设定的一个防线。当你到达这个所谓的“极限”时，你的意志力开始变得薄弱，你的潜意识开始带给你一些消极的想法，这个时候，你的心流状态也会随之瓦解。

我要告诉你一个事实：人的潜力通常远超他们自己的预期。你不应该被头脑中的“极限”所束缚，因为大多数时候，那并不是真的极限。而且，即使是人类公认的极限，也是完全有可能被打破的。

1912年时，100米跑的世界纪录是10秒6，直到50多年后的1968年，美国选手海因斯才将人类的纪录刷新到10秒内。在海因斯创造新纪录之后的将近40年时间里，没有一个人能够再次打破它，以至于大多数的人都认为海因斯的纪录是人类的极限。

然而，2009年世锦赛上，牙买加短跑选手博尔特以9秒58的成绩，刷新了100米跑世界纪录，整个世界为此感到震惊。没有人会想到，真的有人能够突破海因斯的纪录。

无论是运动还是减肥，也无论是成就还是财富，每个人都有自己认为的极限。只有当他们突破了过去之后，回头来看才会发现，其实那并不是真正的极限，那些只不过是自己给自己的心理暗示。

思考人类的潜能，我们可以发现一个非常重要的真相：我们的极限往往受到自身认知的限制。人们往往在达到自己设定的极限时就停下来，但事实上，如果能够打破这些心理障碍，我们将能够达到更高的层次。

就像马拉松跑步一样，很多人在跑步的过程中会遇到“障碍墙”。这是一种极限感，觉得自己再也无法继续前进。当他们到达“障碍墙”时，潜意识会告诉他们已到极限，他们便无法再专注于继续前行，而是像“泄了气”的皮球一样逐渐放慢速度，直到退出比赛。

我的朋友老马是一位年过四十的销售经理，平时忙于工作，极少运动。一次，他在体检中被医生警告要注意身体健康，尤其是心血管问题。为了改善体质，他决定挑战自己，报名参加一年后的马拉松比赛。这对从未跑过长跑的老李来说，是一个巨大的挑战。

起初，老马每天只能跑几公里。他常常感到双腿酸痛，气喘吁吁。每次跑完，他都觉得自己达到了极限，再也无法继续。周围的朋友和家人也劝他不要勉强，担心他的身体承受不了这么高强度的运动。

但是，老马没有放弃。他制订了详细的训练计划，从饮食到作息，每一步都严格执行。他还请教了经验丰富的跑步教练，学习正确的跑步姿势和呼吸技巧。每个周末，他都会增加跑步的距离，逐步提升自己的耐力。

有一次，老马决定挑战20公里长跑。这天早晨，他穿上跑鞋，迎着晨曦开始跑步。跑到10公里时，他感到腿部肌肉开始抽筋，呼吸也变得急促。他的脑海中浮现出放弃的念头："这就是我的极限了，我真的跑不动了。"

正当老马打算停下来时，他想起了自己报名马拉松的初衷：为了家人，为了健康，为了证明自己。他深吸一口气，调整呼吸，放慢速度，继续前进。每一步都变得艰难，但他告诉自己："再多跑一步，再多坚持一分钟。"

路旁的风景不断变换，老马的心态也在悄然变化。他不再想着距离的遥远，而是专注于每一次脚步的落地，每一次呼吸的节奏。当他跑过15公里时，他感觉到了前所未有的轻松，仿佛进入了一种忘我的状态。疲劳和痛苦似乎消失了，他的身体变得轻盈，脚步也越来越稳健。

终于，老马完成了20公里的挑战。当他停下来时，双腿发软，心跳如鼓，但内心却充满了喜悦和成就感。他知道，这不仅是一次长跑的胜利，更是对自己意志和毅力的考验和超越。

通过这次马拉松训练，老马明白了一个道理：那些所谓的极限，其实都是自己给自己设定的心理障碍。只要勇敢面对，坚定信心，付诸实践，极限就会被打破。

所以，下次当你感到自己到了极限，试着问问自己：这真的就是我的极限吗？还是我自己设定的界限？给自己一个机会，去挑战、去突破，你会发现，自己的潜力远超想象。

重新定义自己的可能性

《80/20 法则》的作者理查德·科克曾经一针见血地指出：“每一股力量，无论是一种产品、一家公司、一支新组建的摇滚乐队，或是像慢跑、溜冰等新的生活方式，当达到某一时刻后，都难以取得进一步的发展。人们会有很长一段时间花费大量的付出，但收益却甚小，以至于人们选择了放弃。但如果这股力量能够坚持下去，并超越这一条无形的线，付出将会得到惊人的回报！这条无形的线就是临界点！”

对我们每个人来说，都有一条或更多的“无形的线”阻拦着我们的成长。想想那些学习新技能的时刻，比如你正在学弹吉他，起初的几周你可能感到进步缓慢，手指痛得厉害，心里也不由得怀疑自己是否真的能学会。很多人就在这种情况下选择了放弃，因为看不到显著的进步。

但是，如果你坚持下去，突破了初学者的瓶颈期，你会突然发现自己弹奏流畅了，手指不再疼痛，甚至可以演奏完整的曲子。这一突破不仅带来了技术上的飞跃，还给予了你极大的自信和成就感。

无论是学术研究、艺术创作，还是体能训练，都会遇到类似的瓶颈期。突破这个瓶颈期，就如同跨越一条看不见的界限，带来的是质的飞跃。而这种突破，往往需要我们在看似停滞不前的时期保持耐心和坚持下去。

我的朋友米兰是一位热爱写作的广告文案策划。她一直有个梦想，就是写一本小说。虽然她在创意广告文案上颇有成就，但每次尝试写小说时，总觉得自己的故事乏味，情节难以推进，最终不了了之。她开始怀疑自己是否真的适合写小说。

有一天，她决定参加一个为期一个月的写作挑战赛。这个挑战要求每天写2000字，并且不能中途放弃。米兰知道这将是对自己耐心和毅力的极大考验，但她决定给自己一次突破的机会。

一开始，她写得很吃力。每天都在电脑前苦思冥想，却依然觉得自己的文字枯燥无味。几次她都想放弃，但她强迫自己坚持下去。她找来一些经典小说，分析其中的叙事结构和人物刻画，试图从中寻找灵感。

渐渐地，米兰发现自己进入了一种状态，她不再纠结于每一句话是否完美，而是专注于故事的发展和人物的命运。她每天设定一个小目标，写一个完整的章节，不求完美，但求连贯。随着日子的推移，她的故事逐渐丰满起来，人物也变得栩栩如生。

然而，中途她遇到了一个巨大的瓶颈：她发现自己陷入了故事的死胡同，无法推进情节。米兰感到非常沮丧，几乎要放弃。但她回顾之前的写作历程，告诉自己已经走了这么远，不能半途而废。于是，她决定彻底打破自己设定的情节框架，重新审视人物的动机和故事的核心。

米兰开始大胆地进行情节重构，她尝试着让故事中的人物做出一些意想不到的选择，这不仅让情节更加生动，也激发了她的创作热情。她每晚花时间冥想，想象人物在不同情境下的反应和发展，逐渐形成了一条新的故事线。

终于，写作挑战的最后一天到了，米兰完成了她的小说初稿。虽然这只是一个初步的版本，但她感到无比满足。她不仅写完了小说，还突破了自己设下的心理障碍，发现了新的创作力量。

我们每个人都可以像米兰一样，通过逐步突破自己的心理障碍，实现自我超越。以下是一些具体的方法：

① 设定小目标

不要急于求成，从小目标开始，比如每次多练习几分钟或者多准备一些细节。

② 寻找支持

找到能够指导你、鼓励你的人，比如经验丰富的导师或者志同道合的朋友。

③ 享受过程

把注意力放在每一次练习、每一个小进步上，而不是最终的结果上。

④ 保持耐心

突破极限是一个逐步积累的过程，需要时间和耐心。

通过这些策略和方法，我们可以打破内心设定的极限，重新定义自己的可能性。让我们一起勇敢地迈出那一步，超越自我，迎接更加广阔的天地。

目标不断升级的螺旋式成长

很多时候，我们的极限并不是由能力所决定的，而是由心理上的自我设限所决定的。长时间的稳定成绩往往会形成一种心理预期，使我们认为这已是自己的最佳水平。这种心理预设阻碍了我们追求更高目标的动力和可能性。

制定更高的目标，是一种前所未有的突破。想象一下，多年来你每年都勤奋工作，收入稳定在10万元左右。你的财务状况还算不错，但你的收入一直没有太大突破，年收入10万元成了你的瓶颈。如果你想真正突破这个极限，可以制定一个更高的目标，来一次“纵身一跃”——让自己一年的收入翻3倍，达到30万元。听起来是不是很令人激动？而且，这并不是难以实现的梦想。

首先，你需要在心里描绘出这样一幅景象：一年结束时，你的账户上多了30万元，你带着家人去享受美食或度假，给爱人和孩子买他们心仪已久的礼物。这种未来的美好图景会激励你充满动力，进入心流状态，开始付诸行动。

让我们来看一个我身边的例子。我的朋友艾玛是一位美食博主，她的内容质量非常高，但每个月的收入基本稳定在2万元左右。虽然她的粉丝和广告收入都不错，但她始终觉得自己无法突破这个收入瓶颈。有一天，艾玛决定设定一个大胆的目标：在一年内把收入翻3倍，达到月收入6万元。

艾玛开始在心里描绘了实现这一目标后的美好生活，她想象着可以带家人去世界各地品尝美食，拍摄更专业的美食视频，提升自己的品牌影响力。为了实现这个目标，艾玛开始详细规划她的策略。

艾玛决定从三方面入手。首先，她在现有工作中发力。她开始与更多的品牌合作，提升每一份合作的质量和收益。她研究了市场上最受欢迎的美食内容，并调整了自己的拍摄和制作方式，使其更加专业和有吸引力。通过不断优化内容，她吸引了更多的粉丝和广告商的关注。

其次，艾玛利用副业增加收入。她开设了一门在线美食课程，分享她的烹饪技巧和摄影经验。没想到，这门课程受到了热烈欢迎，许多美食爱好者和博主纷纷报名。课程收入迅速增加，成为她收入的重要来源之一。

同时，艾玛提升自身价值，学习新的技能。她报名参加了一个高级摄影和视频制作课程，提高了自己的拍摄和剪辑水平。通过不断学习和提升，她的内容质量进一步提高，不仅吸引了更多的粉丝，还赢得了更高的品牌合作报价。

经过一年的努力，艾玛成功实现了自己的目标。她的月收入不仅达到了6万元，还因她的专业精神和不断进步而被更多的品牌和粉丝认可。艾玛通过设定更高的目标，激发了自己的潜力，实现了前所未有的突破。

设定更高的目标能够激发你源源不断的动力，让你有机会突破自己设定的极限，实现人生的重大飞跃。记住，目标必须是具体且可行的，而不是遥不可及的梦想。例如，如果你现在连掌握一门外语都很吃力，制定一个一年内掌握十种语言的目标就显得过于不切实际了。

不要被心理设限所束缚，勇敢地制定更高的目标吧。你会发现，自己的潜力远超想象。每一次的突破，都是自我超越的一步，最终会让你迎来一个更加充实和成功的未来。

坚定信念，实现人生飞跃

在人生的旅程中，我们常常面临各种挑战和逆境。在这些时刻，坚定的信念和心流状态可以帮助我们跨越困境，实现人生的飞跃。下面的故事展示了信念和心流如何共同作用，帮助一个普通人突破极限，达成梦想。

19世纪70年代的一个冬天，美国缅因州的一个小破公寓里，一个男人正在打字机前忙碌着，打字机的敲击声此起彼伏，打字纸散落在狭窄的工作台上。窗外细雪纷飞，寒风呼啸，屋内却因昏黄的台灯显得格外温暖。

这个男人名叫斯蒂芬·金，他从小就热爱写作，并在学生时代就开始创作短篇小说。成年后，斯蒂芬·金并没有放弃自己的兴趣，他梦想着自己能够成为一名出色的小说家。但这条路显然并不是一帆风顺的。

在获得大学英语学位后，斯蒂芬一边坚持创作小说，一边从事各种各样的工作来维持生计，他在学校里做过老师，还在洗衣店里打工。尽管生活非常拮据，但这并没有让他失去创作的热情。

十几年来，斯蒂芬在家中创作了很多小说，并试着把它们寄给出版社，希望能够出版，但是很长时间以来，他得到的只是一封又一封的拒绝信。斯蒂芬干脆在墙上钉了一根细长的铁钉，把这些拒绝信挂在上面。

这些信越来越多，甚至重得把这根铁钉给压弯了。每当斯蒂芬满怀期待地打开出版社寄来的信件，得到的总是委婉的拒绝。但这并没有击垮斯蒂芬的信念，他把信挂在那根钉子上，然后继续埋头创作。

“每个字都要有意义，每个场景都要让人心跳加速。”斯蒂芬对自己说，他的眼睛紧盯着打字纸。他正在创作一本名叫《魔女嘉莉》的小说。尽管之前没有一部作品出版，但他依然追求完美，不放过每个细节。他相信自己终将会有一天出版自己的小说的。

正是这种信念让斯蒂芬维持在强大的心流状态中，不知疲倦地创作。终于，在一个凌晨他完成了这部小说的手稿，斯蒂芬此时有一种深深的满足和疲惫交织的感觉。

和以前一样，投稿的过程如同过山车般起伏不定。斯蒂芬将手稿寄出后，那股难以言喻的紧张和期待每天如影随形。每当邮递员经过，他的心都会不由自主地加速跳动。

在一个阳光明媚的午后，电话铃声打破了斯蒂芬的沉思。电话那边一位女士友好地说："我是道布尔戴出版社（双日出版社）的萨拉·詹金斯，我们读了你的小说手稿，它非常吸引人，我们想与你讨论出版事宜。"

斯蒂芬心中涌起一股难以抑制的激动，他努力让自己的声音听起来平静。"真的吗？这对我来说意义重大，谢谢你们的认可。"

挂断电话后，斯蒂芬转身望向那满是拒绝信的墙，那些信件在这一刻仿佛变成了过去的云烟。他深知，每一次的失败都为这一刻的成功埋下了伏笔。

《魔女嘉莉》于1974年出版，成为斯蒂芬·金职业生涯的转折点，开启了他成为超级畅销小说作家的辉煌生涯。

斯蒂芬·金的成功并非一蹴而就，在那个小小的公寓里，尽管困难重重，他依然用自己的笔书写出了一个属于自己的传奇。他的经历足以证明了信念的力量是巨大的。信念不仅是一种心理状态，更是一种引领我们走向成功的灯塔。当我们深信自己能够实现目标，无论这个目标多么遥远或困难，这种信念就会转化为一种内在的推动力，激发出我们源源不断的动力和灵感。

就像斯蒂芬·金所经历的那样，在面对逆境和挑战时，信念也会成为我们的庇护所。它赋予我们坚持下去的勇气和毅力，即使在最黑暗的时刻也不放弃希望。

当我们全神贯注于实现那些深信不疑的目标时，我们的心智和能量就会集中到一个前所未有的水平。在这种状态下，我们总是在寻找更好的方法，不断创新，不满足于现状，让自己达到一个可以超越自我的状态。

与之相反的是，如果缺乏足够强大的信念，我们可能随随便便就会被现实所击败，变成得过且过的人，更不要说激发出心流状态来跨越临界点了。

总之，在你的人生旅途中，如果你也遇到了挫折和困境，请记住斯蒂芬·金的故事。让坚定的信念成为你的指南，让心流状态成为你的动力源泉。无论前路多么艰难，只要你相信自己，并为之不断努力，最终你也能像斯蒂芬·金那样，实现自己的梦想，书写属于自己的传奇。